工业和信息化部普通高等教育“十二五”规划教材

21世纪高等学校计算机规划教材

COMPUTER

实用计算机技术实训教程（Windows 7+Office 2013）

Training Tutorials of Practical Computer Skills (Windows 7 & Office 2013)

■ 杨宏 黄杰 施一飞 主编

高校系列

人 民 邮 电 出 版 社

北 京

图书在版编目（CIP）数据

实用计算机技术实训教程 ：Windows7+Office2013 / 杨宏，黄杰，施一飞主编. -- 北京 ：人民邮电出版社，2014.9（2019.12 重印）

21世纪高等学校计算机规划教材. 高校系列

ISBN 978-7-115-35915-5

Ⅰ. ①实… Ⅱ. ①杨… ②黄… ③施… Ⅲ. ①Windows操作系统－高等学校－教材②办公自动化－应用软件－高等学校－教材 Ⅳ. ①TP316.7②TP317.1

中国版本图书馆CIP数据核字(2014)第127217号

内 容 提 要

本书是杨宏、黄杰、施一飞主编的《实用计算机技术（Windows 7+Office 2013）》一书配套的实训教材。主要内容包括计算机组成与网络实战、Word 软件实战、Excel 电子表格实战、PowerPoint 演示文稿实战及常用软件应用实战等相关实训项目。

本书以实训项目组织内容，实训项目均取材于企业工作实践或生活实践，真实典型并兼具趣味性。每个项目都是按照实际操作的步骤一步步地指导，拓展提示更是对操作过程中的重点或技巧进行补充。本书既是配套教材的实训部分，同时也可以独立作为训练计算机基础技能的实训教材。

本书可作为计算机基础课程的实训教材，也可作为计算机基础技能培训或技术人员自学练习的参考资料。

◆ 主　　编　杨　宏　黄　杰　施一飞
责任编辑　刘盛平
执行编辑　刘　佳
责任印制　焦志炜

◆ 人民邮电出版社出版发行　　北京市丰台区成寿寺路 11 号
邮编　100164　　电子邮件　315@ptpress.com.cn
网址　http://www.ptpress.com.cn
北京捷迅佳彩印刷有限公司印刷

◆ 开本：787×1092　1/16
印张：6　　　　2014 年 9 月第 1 版
字数：153 千字　　　　2019 年 12 月北京第 7 次印刷

定价：16.00 元

读者服务热线：(010)81055256　印装质量热线：(010)81055316
反盗版热线：(010)81055315

前言

熟练使用计算机办公软件、常用工具软件和网络应用软件，是各行业的从业人员不可或缺的计算机技能，因此，计算机基础技能课程是高职院校各专业非常重要的一门基础课程。本书主要内容包括个人计算机组成与网络实战、Word 软件实战、Excel 电子表格实战、PowerPoint 演示文稿实战、常用软件应用实战等。

本书以实训项目组织内容，实训项目均取材于企业工作实践或生活实践，真实、典型，并兼具趣味性。每个项目的讲解都是按照实际操作的步骤进行手把手指导，拓展提示更是对操作过程中的重点或技巧进行补充。本书既是配套教材的实训部分，同时也可以独立作为计算机基础技能的实训教材。

本书在编写过程中，始终以用人单位对员工计算机基础技术的要求为指导，采用项目化教学的方式组织内容，通过若干个典型并富有趣味性的项目，对学生的计算机组装能力、计算机办公软件的使用能力，以及常用计算机软件的使用能力进行培养，使学生善于发现问题并能够解决问题。

全书参考总教学时数为 64 学时，建议结合教材、采用全实践模式进行教学。各章学时分配建议如下表所示：

表 1-1　各章学时分配表

章	名　称	建议学时
1	计算机组成与网络实战	6
2	Word 软件实战	20
3	Excel 电子表格实战	22
4	PowerPoint 演示文稿实战	12
5	常用软件应用实战	4
合　计		64

全书由北京吉利大学理工学院杨宏、黄杰和施一飞担任主编。其中，第 1 章由李培培和施一飞编写；第 2 章由常俊萍、王颖和吴华编写；第 3 章由黄杰、王岩和施一飞编写；第 4 章由李翀和张彦美编写；第 5 章由曹芳编写。在此向所有关心和支持本书出版的人士表示衷心感谢！

由于编者水平有限，本书存在不妥之处在所难免，敬请读者批评指正。

编者

2014 年 5 月

目 录

第 1 章 计算机组成与网络实战

实训 1　组装一台家用娱乐影音台式计算机

对于普通家庭用户来说，计算机主要用于编辑一般办公文档、网页浏览、音视频播放、图片的简单处理和运行中小型游戏等事务。同时，家用计算机对移动性要求不高，所以台式计算机成为很好的选择。目前的台式计算机市场上，有很多品牌计算机可供选择，并能够提供良好的售后服务。但品牌的计算机配件可选择性相对有限，当我们需要有更多选择，并能够更经济地购买计算机时，可以考虑自己组装一台计算机。

对于普通用户而言，自己组装计算机最大的问题在于各个硬件的兼容性和平衡性。目前，有不少电子商务网站提供了在线装机服务，并且能够帮助用户检查所选择的配件的兼容性和计算机的整体性能。我们这里将尝试使用电子商务网站“京东商城”的在线自主装机服务，组装一台家用娱乐影音台式计算机。另外，诸如“新蛋”、“易迅”、“中关村在线”和“太平洋电脑”等网站也提供类似的服务。

实训目标

本实训是利用“京东商城”网站的在线组装计算机服务，组装一台家用娱乐影音台式计算机。在通过该平台组装计算机时，期望学习者能够掌握以下概念和技能：

- 一台完整个人计算机系统的主要硬件构成。
- CPU、内存和主板的兼容性要求。
- 组装个人计算机的一般过程。
- 个人计算机外设的选择。

实训步骤

（1）不论是自己组装计算机，还是购买品牌计算机，我们都最好先有一个预算。预算是针对组装个人计算机的实际需求的评估，也是我们在选购不同档次软、硬件时的平衡尺。个人计算机硬件规格更新很快，价格随硬件更新和供求变化起伏。所以本实训中，我们以编写教材时的硬件市场价格，以 Intel（英特尔）CPU 为平台，设定预算在 3500 元左右。如果对大中型图形处理或游戏等软件有运行需求，则预算需要上浮 700～800 元左右。这里并不是推销某款产品，只是借助这个过程，使读者对选配硬件有所了解。市场上硬件种类繁多，最终选择什么品牌什么价位的产品，还需要根据个人喜好或具体预算来确定，但前提是选配的硬件是兼容合理的。

（2）在正式选件之前，我们应该列出一张硬件配置清单，或者至少思考过主要配件的选择。同时，配置清单也能提醒我们所有需要选配的硬件目前的市场价格情况。图 1-1 展示的是组装个人计算机的一个基本配置清单所包含的项目。

序号	品名	型号	数量	单价	合计
1	CPU				
2	主板				
3	内存				
4	显卡				
5	硬盘				
6	显示器				
7	电源				
8	机箱				
9	键盘				
10	音箱				
汇总					

图 1-1　组装个人计算机配置清单

（3）打开浏览器，访问网址 http://diy.jd.com/self/，可以看到如图 1-2 所示的页面内容。

页面的左侧是硬件配置清单各主要项目。页面右上区域是各硬件不同参数的筛选器，根据用户在左侧硬件配置清单中选择的不同硬件，右上区域的筛选参数也会发生相应的变化。页面右下区域是在用户选择不同参数后，筛选出的所有可供选择的硬件。右下筛选区域有三个固定按钮，提供了三种不同排序列表的方式：销量、价格和评论数。因为筛选出可供选择的硬件可能有很多，此处提供了搜索对话框供用户通过关键字的方式进行进一步的筛选。当用户在右下区域浏览到想要购买的配件，单击“选用”按钮，则所选配件的名称就会在左侧配置清单的相应项中显示出来。

图 1-2　在线组装计算机

提示：这里需要注意的是，所有最终出现在右下区域的可供选择硬件，并非都是市面上有现货可以购买的产品，有的可能已经下架或停产，所以建议用户选择时，参考“销量”从高到低的排序结果，排在前列销量较高的一般都是当前市面在售的产品。

（4）选择主要配件。

① 选择 CPU（中央处理器）。我们已经知道，CPU 是负责计算机计算和控制的核心部件，CPU 的选择很大程度上决定了我们所组装的计算机的运行速度。

我们的需求是组装一台供家庭影音娱乐的计算机。一般家庭的影音娱乐活动包括音、视频（包括高清视频）文件播放、网页浏览、普通办公和中小型游戏软件运行等，对 CPU 的要求相对不高。在 CPU 的选择方面，我们以中低档 CPU 作为选择目标。困为先前已经设定了 Intel（英特尔）的平台，所以这里我们可以考虑 Haswell 架构（编写本书时流行的英特尔 CPU 架构）奔腾双核或 I3 系列 CPU，这个层次的 CPU 已经能够满足一般家庭影音娱乐的需求，播放高清（1080p）视频完全没有压力，同时诸如“英雄联盟”等网络游戏也可以在中上等效果中流畅运行。

需要注意的是，该类 CPU 通常分为包含显示芯片（GPU）和不包含显示芯片两种。如果从经济角度来看，这个层次的 CPU 所包含的显示芯片已经足以胜任家庭的影音娱乐活动，无需再购买专业独立显卡。如果用户对大型图形图像制作软件，诸如 Maya、3DS Max，或者大型三维游戏等有运行需求的话，则推荐购买独立显卡加强体验。

② 选择主板。主板是我们自己组装个人计算机时，不可忽略、不能省钱的主要部件之一。主板是驱动、连接 CPU 和其他硬件的“桥梁”，这个“桥梁”的设计与质量，很大程度上会影响运行在计算机中的软、硬件的稳定性和执行效率。

对于普通用户来说，选择主板首先需要注意主板和 CPU 是否兼容，这个主要查看主板是否支持 CPU 的接口。譬如，刚选择的英特尔 Haswell 架构的奔腾双核或 I3 系列的 CPU 的接口是 LGA1150，则在选购相应主板时应该首先查看其是否支持 LGA 1150 接口。通常一般的购物网站会在主板名称标题后注明接口号，方便用户查阅。

选定一款 CPU 后，再单击左侧配置单中的“主板”按钮，此时该系统会自动筛选出和我们选择的 CPU 兼容的主板，罗列在右下方窗格。这里可以选择“技嘉”、“华硕”、“微星”或“华擎”等厂家的主板，我们选择技嘉公司生产的“H81M-HD3”主板（Intel H81/LGA 1150）。在产品的详细页面中，该主板被简称为“H81 高规小板”。其中，H81 是主板上集成的主板芯片组型号（芯片组型号习惯上根据主板上的北桥芯片来命名）。“小板”是指主板的某些接口或所支持的功能相比高端产品，略有减少。但作为家用计算机，此“小板”的功能已经足够。

提示：北桥芯片负责硬件与 CPU 的联系并控制内存、AGP、PCI 数据在北桥内部传输，提供对 CPU 的类型和主频、系统的前端总线频率、内存的类型（SDRAM，DDR SDRAM 及 RDRAM 等）和最大容量、ISA/PCI/AGP 插槽、ECC 纠错等支持。北桥芯片的数据处理量非常大，发热量也越来越大，现在的北桥芯片都覆盖着散热片用来加快散热，有些主板的北桥芯片还会配合风扇进行散热。

提示：Intel 8 系芯片组主要包括 Z87、H87、B85 和 H81。芯片组的名称中，Z 代表高端，H 为主流，B 为商用，同时数字越大则定位越高。8 系芯片组的共同特点就是支持 Haswell 架构的 LGA1150 接口的 CPU，而除此之外的其他功能，比如显卡、内存、硬盘支持上有所差异。具体规格如图 1-3 所示。

Intel 8系列芯片组规格对比				
	Z87	H87	B85	H81
超频	✔	✖	✖	✖
内存插槽数量	4	4	4	2
PCI-E插槽数量	1x16/2x8 1x8+2x4	1x16	1x16	1x16
PCI-E 3.0支持	✔	✔	✔	✖
SATA III 接口数量	6	6	4	2
SATA II 接口数量	0	0	2	2
USB 3.0 接口数量	6	6	4	2
USB 2.0 接口数量	14	14	12	10
SBA	✖	✔	✔	✖
SRT	✔	✔	✔	✖
RST	✔	✔	✔	✔

图 1-3　Intel 8 系列芯片组规格对比

③ 选择显卡。因为已经选择了集成了 GPU 显示芯片的 CPU，而且其集成的显示芯片足够满足家用，所以显卡可以暂不购置。如果有特殊需求，用户可以根据**显卡位宽**、**显卡显存类型**和**显卡显存容量大小**等指标来选择。显卡位宽一般有 64 位、128 位、192 位等，位宽越高，显卡在同一时间能够处理、传输的数据就越多，处理图像的速度自然越快。显存用来存储显卡正在运算或即将进行运算的数据，规格越新的显存（编写本书时流行的高速显存类型为 DDR5 代，较低端的为 DDR 3 代）在读写数据时也越快。显存的容量，如果不运行大型图形图像软件，512MB 即可满足家庭影音娱乐需要，当然显存越大，运行大型图形图像软件或三维游戏时的余地也越大。

④ 选择内存。内存主要用来保存程序运行时的数据。选择内存时主要考虑的参数包括**内存类型**、**内存频率**和**容量大小**。考虑内存类型时，主要看其类型是否与主板支持的内存类型相符。内存频率可以理解成内存工作的速度，内存工作的最大速度最好能被 CPU 支持，不然会降低效率。内存容量大小，对于家庭影音娱乐用的计算机来说，4GB 内存已能够完全胜任。

⑤ 选择其他配件。其他的配件选择，也不能忽视。例如，选择机械硬盘时，硬盘的转速直接影响着硬盘的读写速度，转速越高，读写速度越快。硬盘的缓存越大，则硬盘的读写速度也能得到很大的提升。至于硬盘的容量大小，家用计算机 500GB～1TB 的容量已经能够满足需求。

另外一个不能忽视的部件是电源。有一些机箱是附带电源的，但选择电源时还是需要查看其功率是否符合我们的要求。对于家用影音娱乐计算机来说，350～450W 的电源都能满足需求。同时用户还应仔细查看产品的使用者评价，查看电源在使用一段时间后是否还能保持静音工作。质量较差的电源在工作半年或一年后便会因为电源中风扇磨损、缺少润滑油或吸入过多灰尘等原因，引起工作时的异响。

因为 USB 闪存盘的普及，光盘、光驱的使用率已经相当低，是否购置光驱，可以根据需求决定。其他的周边部件，用户可以根据自己的喜好来进行选择。

⑥ 确定方案并组装。配置好清单后，可以将清单进行评分，测试一下兼容性和整机性能。也可以将清单打印出来，与社区的其他网友或身边有经验的朋友进行进一步讨论和交流，最终制订出最适合自己的组装方案。另外，很多网站提供配件组装服务，当用户选择购买组装服务后，网站工作人员会在送达前或送到后，替用户安装好所有计算机部件，更加方便对计算机组装不是很熟悉的用户。

实训 2　利用硬盘镜像安装/还原操作系统

在使用计算机的过程中，难免会出现一些意外，譬如计算机感染恶性病毒程序，导致计算机启动后无法进入操作系统；或者在使用了很长时间后，操作系统中的废旧、无用文件过多，注册表混乱，系统运行速度下降，即使使用操作系统优化软件后也无好转。出现这些情况后，很多用户便想将计算机的操作系统还原至初始状态。如果用户之前有用诸如“ghost 一键备份”等软件备份过初始系统，或者有打包成扩展名为 gho 的硬盘镜像文件，则可以通过 ghost 软件来还原操作系统。

实训目标

本实训是利用 ghost 软件来将 ghost 软件已经生成的扩展名为.gho 硬盘镜像文件，还原至硬盘系统分区，使计算机操作系统还原到初始或某一健康时刻的状态。安装部分市面的操作系统版本，也可使用本实训的方法。

概念和技能：

❖ ghost 软件生成的硬盘镜像。

❖ 利用 ghost 软件将原系统分区的镜像还原至系统分区，还原操作系统至初始或健康状态。

实训步骤

（1）假设我们已经下载了操作系统的硬盘镜像文件，或已经使用 ghost 备份过系统分区的硬盘镜像（这里假设硬盘镜像文件为 win7.gho，被放置在当前计算机的 D 分区中）。这里我们使用装有系统维护工具的 U 盘（以金狐 U 盘维护系统为例）来引导计算机，实现硬盘镜像的还原。

提示： U 盘维护系统在网络上有很多选择，比较受欢迎的有“完美者 U 盘维护系统”、“金狐 U 盘维护系统”等。通常此类系统包含一系列维护计算机软件系统的工具软件，并且可以使 U 盘具备引导计算机操作系统启动的功能。

（2）使用 U 盘引导机器启动的过程中，会出现功能菜单界面。这里我们选择第 7 项，“运行 GHOST 多版本程序”，如图 1-4 所示。

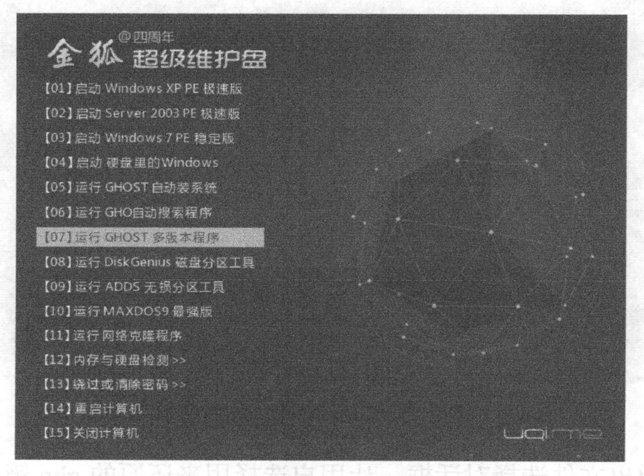

图 1-4　U 盘维护系统启动界面

（3）接着出现选择 ghost 软件版本的画面，这里为了更好地支持 NTFS 文件系统，我们选择 11.5 版本，如图 1-5 所示。

提示：目前市面的 ghost 软件常见的有三个版本，8.3、11.0.2 和 11.5，由它们生成的硬盘镜像 gho 文件也有三个版本。兼容性最好的是 11.0.2 版本，最新的是 11.5，对 NTFS 文件系统有更好的支持，但有识别不了硬盘分区的问题。用户若使用某个版本无法完成工作，可以尝试其他版本。

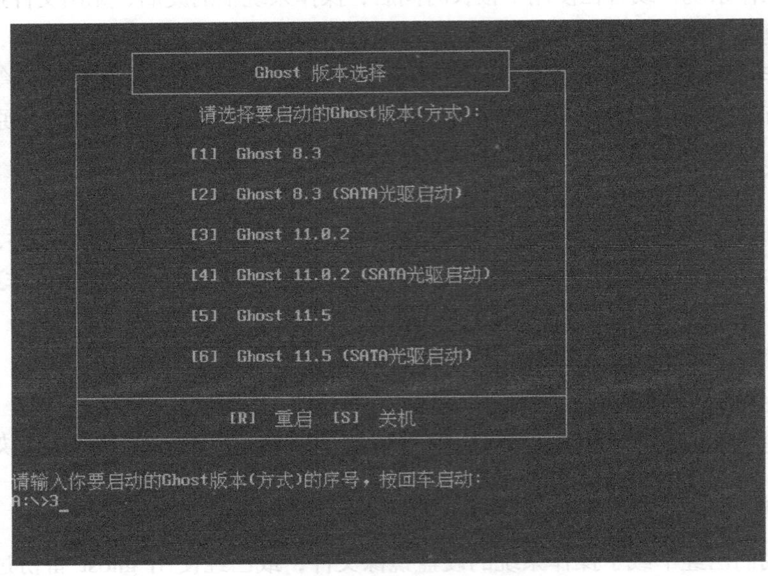

图 1-5　选择想要运行的 ghost 版本

（4）打开 ghost 程序时，弹出软件开发商和版权信息，单击“OK”按钮确认即可。然后要将保存在本机硬盘 D 分区中包含 Windows 7 操作系统的镜像 win7.gho，还原至计算机的系统盘 C 盘。依次选择菜单项“Local”-“Partition” –“From Image”，如图 1-6 所示。

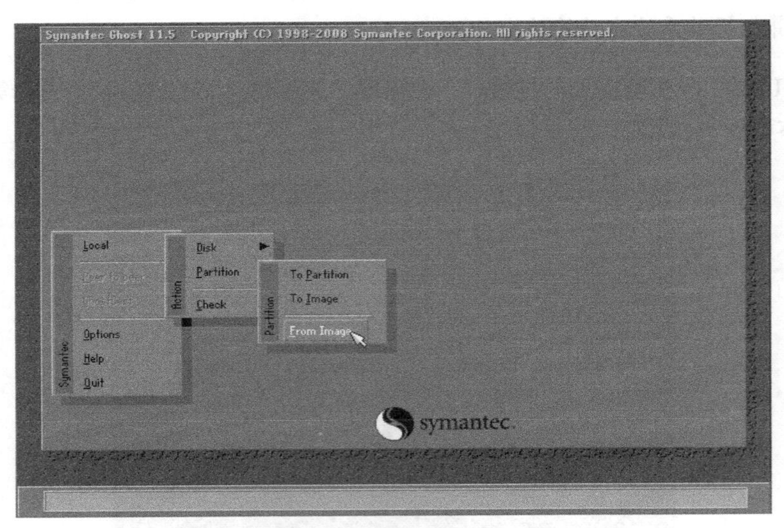

图 1-6　选择将硬盘映像还原至本地磁盘分区

（5）接下来便会弹出文件选择对话框，让用户选择用来还原的 gho 镜像文件。在下拉菜单找到存放 win7.gho 文件的 D 磁盘分区，在下方文件列表中找到 win7.gho 文件，双击文件确认选择或单击“open”按钮确认选择，如图 1-7 所示。

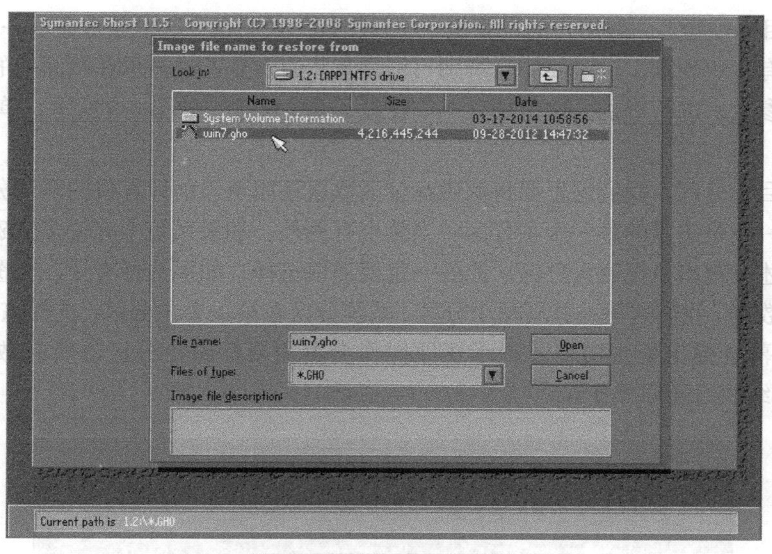

图 1-7　选择硬盘映像文件

提示：选择还原时，Local 是指本地计算机，Partition 是指本地计算机的磁盘分区，From Image 是指从硬盘镜像还原至本地计算机的磁盘分区，即将原备份的系统分区数据还原至当前计算机的系统分区。

（6）此时，弹出“从硬盘镜像文件中选择源分区”，通常我们的备份只包含系统分区，所以此对话框只会看到一项内容。选择该项，单击“OK”按钮，如图 1-8 所示。

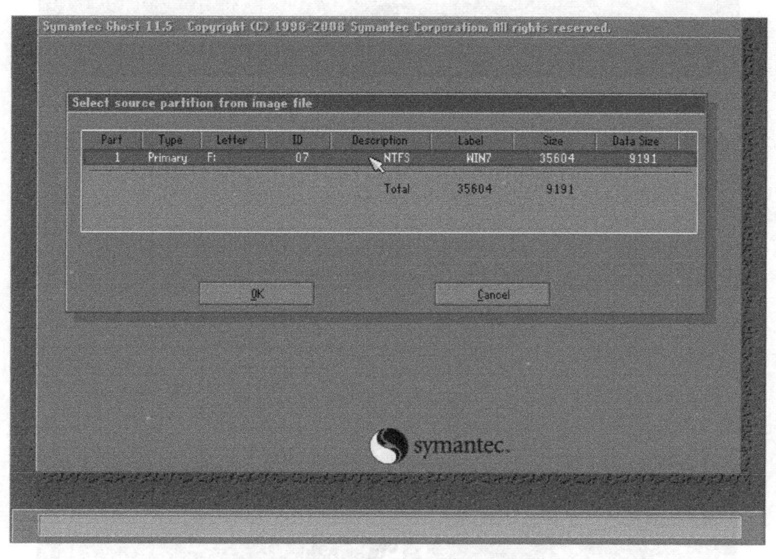

图 1-8　选择需要还原的源分区

提示：如果镜像文件是对多个磁盘分区的镜像，则在此处需要仔细分别，选择需要被还原的分区即可。我们可以通过“Type”（分区类型，有主分区、逻辑分区之分）、“Description”（文件系统描述）、“Label”（磁盘分区标签）、“Size”（分区大小）、“Data Size”（实际占用空间大小）等信息综合辨别出我们需要选择的分区。

（7）选择目标硬盘。一般用户的计算机中，只安装一块硬盘，这里通常显示一项内容供选择。如果计算机中有多块硬盘，一定要注意辨别目标硬盘。通常是通过显示在画面中的硬盘容量、硬盘规格代号等参数来进行辨别。这里只有一个硬盘，选中该项，如图 1-9 所示，单击“OK”按钮进入下一步。

（8）选择目标分区。我们这里要将源磁盘分区数据还原至当前计算机的系统分区，即目标分区。系统分区一般是磁盘的第一个主分区。当然也有例外，如果系统中有较多的磁盘分区，也需要根据具体描述分辨出目标磁盘分区。此处一定要谨慎选择，如果选择有误，会覆盖误选的磁盘分区中的所有数据。我们这里一共有两个分区，系统分区在第一个主分区，选择该项，单击“OK”按钮确认。屏幕会弹出警告窗口，提示还原操作会覆盖目标磁盘分区的所有数据，这里单击“YES”确认继续执行还原操作。

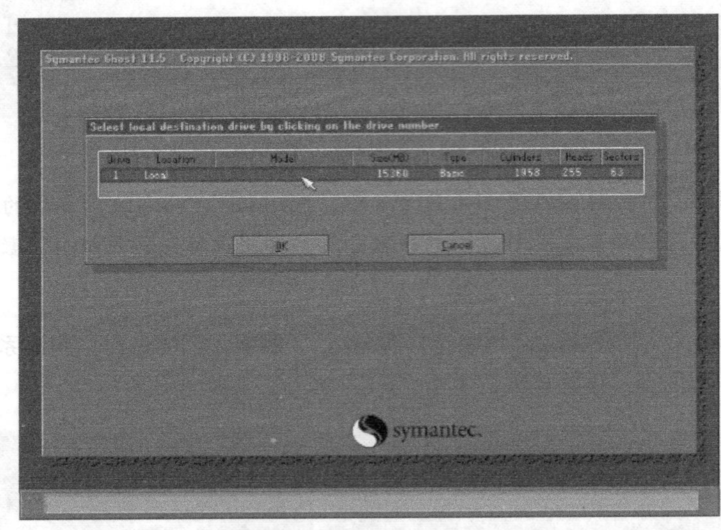

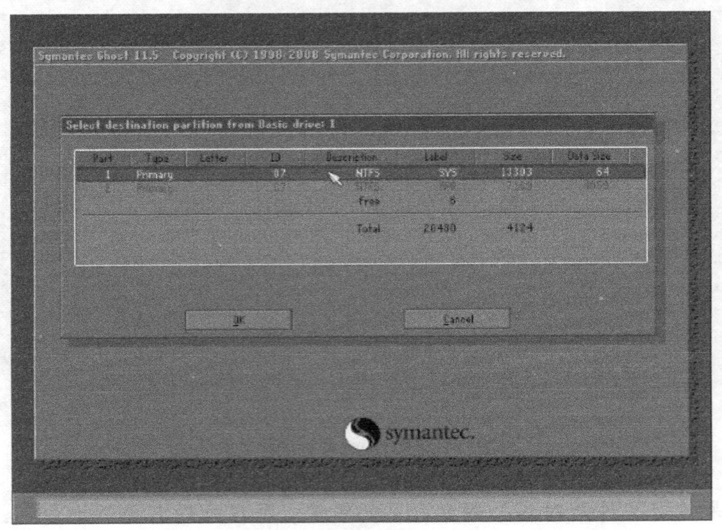

图 1-9　选择系统还原的目标硬盘和目标磁盘分区

（9）还原过程的速度视计算机性能而定，如图 1-10 所示。还原进度达到 100%后，还原完成，并弹出对话框提示还原完成。此时需要重新启动计算机，才能看到还原后的结果。单击对话框的“Reset Computer”按钮，重新启动计算机，如图 1-11 所示。

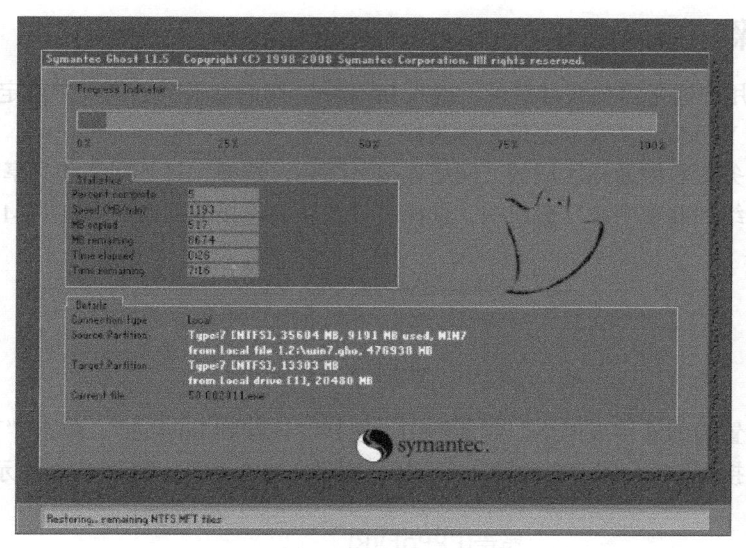

图 1-10　还原过程

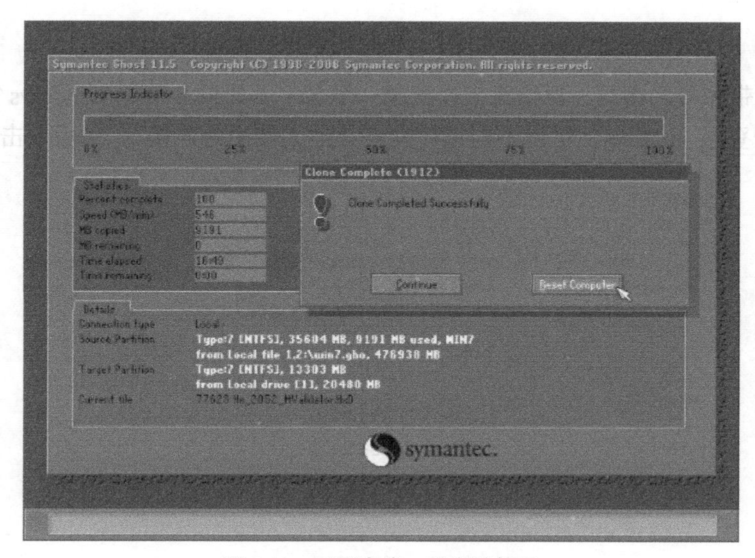

图 1-11　还原完毕，重启计算机

实训 3　创建宽带拨号连接

实训目标

本实训在 Windows 7 系统中进行，用户将在本地计算机建立 ADSL 宽带连接并对其进行设置。

期望通过本实训的学习，能够掌握以下操作技能。

❖ 建立 ADSL 宽带连接。

❖ 设置 ADSL 宽带连接的属性。

实训步骤

ADSL 宽带用户通常需要拨号登录，接入 Internet。有的宽带服务商提供了定制的拨号软件，我们也可以使用 Windows 7 建立宽带拨号连接。

（1）单击任务栏右侧通知区域的“网络连接”图标，选择“打开网络和共享中心”。

（2）在“网络和共享中心”窗口中，选择“设置新的连接或网络”，如图 1-12 所示。

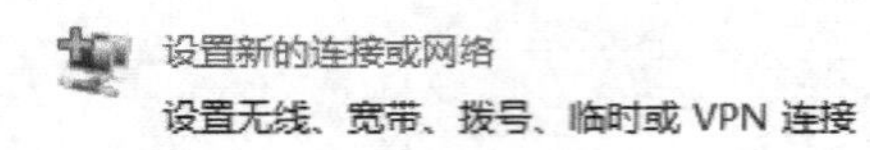

图 1-12　设置新的连接或网络

（3）在“设置新的连接或网络”对话框中，选择“连接到 Internet”，单击“下一步”按钮。

（4）在“连接到 Internet”对话框中，选择“宽带（PPPoE）”，如图 1-13 所示。

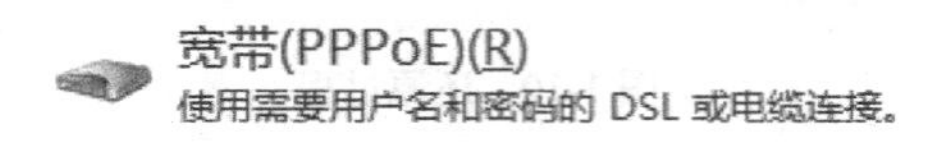

图 1-13　宽带（PPPoE）

（5）输入宽带账号和密码，再给宽带连接起一个名字。如果不希望 Windows 7 的其他用户使用这个宽带拨号登录 Internet，可以不勾选“允许其他人使用此连接”。最后单击“连接”，如图 1-14 所示。

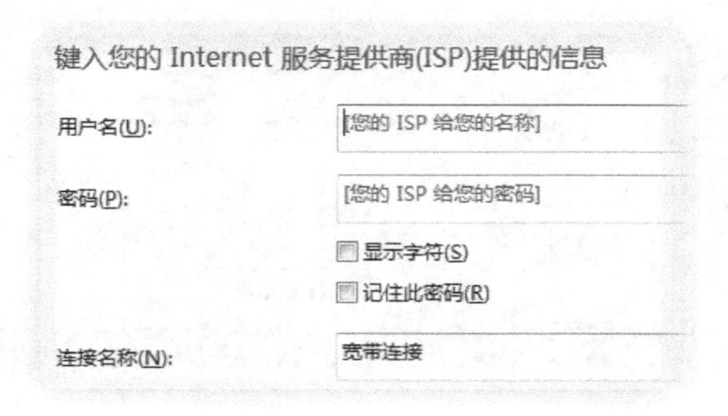

图 1-14　填入宽带账户和密码

实训 4　组建小型局域网

实训目标

组建小型局域网，能够实现多台计算机或者无线终端设备（如手机、ipod 等）共享上网。

环境设定：现代家庭中通常有多台计算机或者无线终端设备（如手机、ipod 等），考虑到成本问题，通常一个家庭只会申请一个宽带账号，然而一个宽带账号往往在同一时间只能由一台设备登录。如何实现家庭中的多台计算机和无线终端进行连接，彼此共享文件和 Internet 接入呢？

实训步骤

图 1-15 直观地描述了建立小型局域网，共享文件和 Internet 接入的方法。

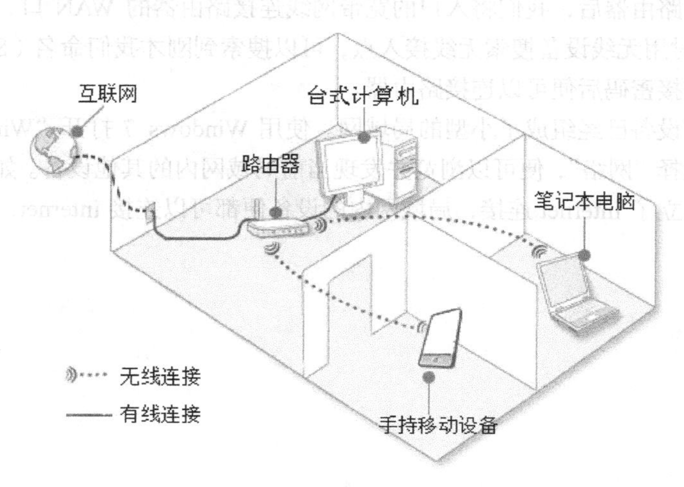

图 1-15 局域网连接示意图

（1）准备好一台包含拨号功能（PPPoE）的无线路由器（目前市面上大部分路由器都具备该功能），以太网线，一个宽带账号。

（2）用网线连接计算机和路由器的 LAN 插口，打开网页浏览器，在地址栏输入路由器管理页面的地址（查询路由器说明书，常见为 http://192.168.0.1），回车确认，打开路由器管理界面。

（3）不同品牌路由器的设置界面有所差别，但内容基本相同。通常路由器设置界面提供了“设置向导”，用户按照提示，选择和填入相关内容即可。在选择“连接类型”时，如果使用的是 ADSL 宽带，我们选择“PPPoE 拨号”，填入宽带账号、宽带密码，如图 1-16 所示。如果使用的是广电有线宽带，选择“动态 IP”。

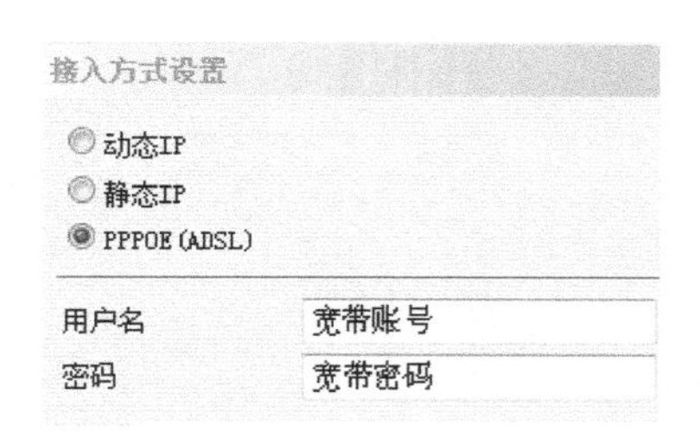

图 1-16 ADSL 宽带用户选择 PPPoE

（4）在设置“无线连接”时，我们主要关心以下内容：

- SSID，在这里给无线信号起个名字，方便无线连接时识别；
- 广播 SSID，选择开启，否则 Windows 软件不能显式查询到无线信号，需要手工设定；
- 网络模式，通常选择“11g/b/n 混合模式”，以兼容比较旧的无线设备；

- 安全模式，通常选择 WPA2，或者选择 WPA/WPA2 混合，以兼容旧的无线设备；
- 加密规则，选择 AES，或者“TKIP 与 AES”，以兼容旧的无线设备，然后给无线连接设置一个密码，防止不受欢迎的用户盗用宽带资源。

（5）检查路由器的 DHCP 功能是否开启，如果没有开启将其置为开启（有特殊需要的用户可以根据具体情况选择）。开启 DHCP 后，连接到路由器的计算机或其他设备会被自动分配一个局域网 IP 地址。

（6）设置完成路由器后，我们将入户的宽带网线连接路由器的 WAN 口，将其他台式计算机连接 LAN 口。此时用无线设备搜索无线接入点，可以搜索到刚才我们命名（SSID）的无线信号。选择连接并输入连接密码后便可以连接路由器。

（7）此时所有设备已经组成了小型的局域网。使用 Windows 7 打开“Windows 资源管理”，在左侧导航窗格选择“网络”，便可以浏览并发现当前局域网内的其他设备。如果此时路由器成功登录宽带账户，建立了 Internet 连接，局域网内的设备便都可以连接 Internet，实现上网。

第 2 章 Word 软件实战

实训 1　制作一份高校毕业生的求职自荐书

实训目标

- 学会新建与保存文件，掌握页面设置，学会背景图片、封面的添加方法及分页符的使用。
- 学会文本的录入方法，熟悉换段、强制换行、特殊符号录入、全角半角、中英文标点、生僻字录入，了解插入、改写状态设置的技巧，了解查找和替换的使用。
- 学会文本及段落的选定，掌握字符及段落格式的设置。

操作要求：使用教材光盘中提供的图片及文本素材，制作一份高校毕业生的求职自荐书。要求内容有两页，封面中有图片、艺术字、求职学生的关键信息，格式要求美观、大方，参考效果见图 2-1 和图 2-2，不要求完全一致，可以根据自己的审美进行设置。

图 2-1 “求职自荐书”效果图 1

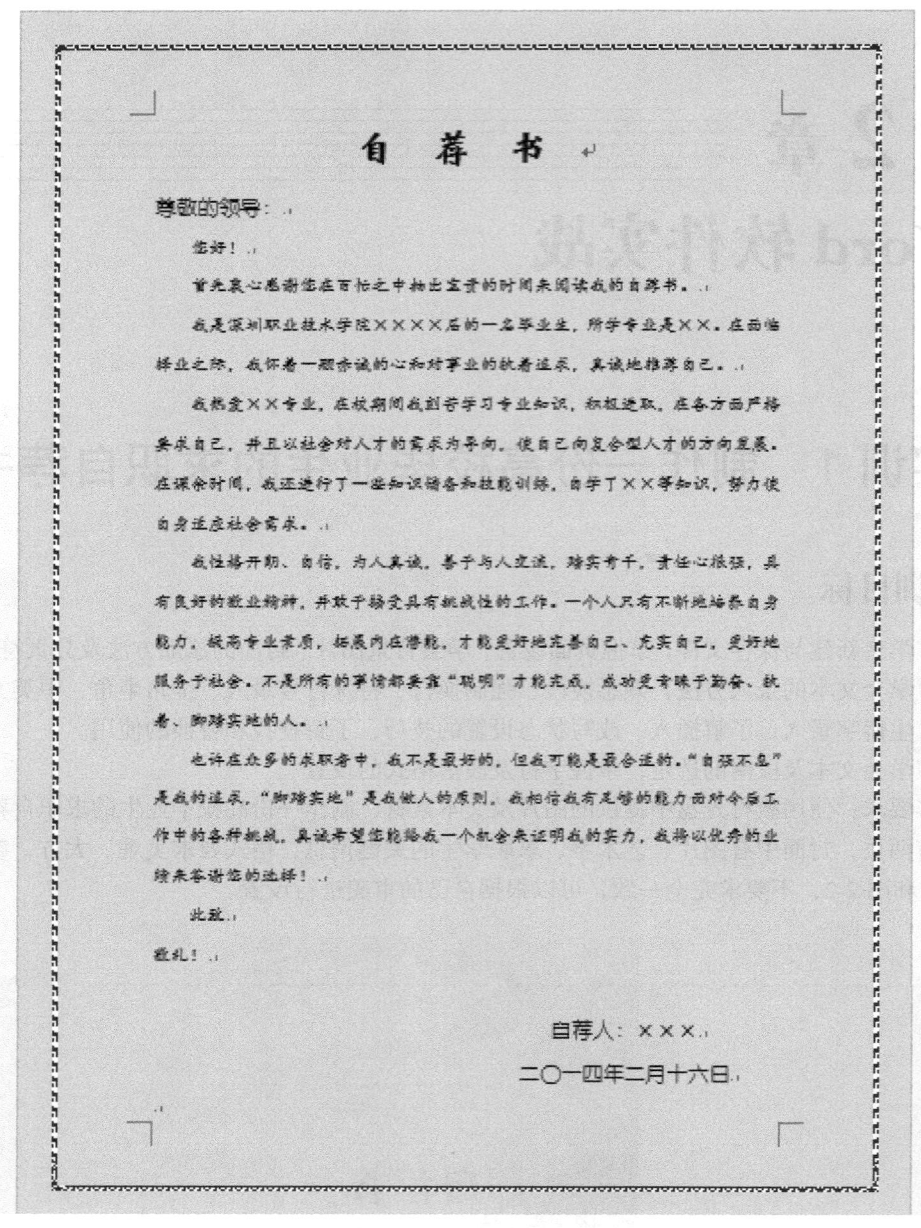

自 荐 书

尊敬的领导：

您好！

首先衷心感谢您在百忙之中抽出宝贵的时间来阅读我的自荐书。

我是深圳职业技术学院××××届的一名毕业生，所学专业是××。在面临择业之际，我怀着一颗赤诚的心和对事业的执着追求，真诚地推荐自己。

我热爱××专业，在校期间我刻苦学习专业知识，积极进取，在各方面严格要求自己，并且以社会对人才的需求为导向，使自己向复合型人才的方向发展。在课余时间，我还进行了一些知识储备和技能训练，自学了××等知识，努力使自身适应社会需求。

我性格开朗、自信，为人真诚，善于与人交流，踏实肯干，责任心很强，具有良好的敬业精神，并敢于接受具有挑战性的工作。一个人只有不断地培养自身能力，提高专业素质，拓展内在潜能，才能更好地完善自己、充实自己，更好地服务于社会。不是所有的事情都要靠“聪明”才能完成，成功更青睐于勤奋、执着、脚踏实地的人。

也许在众多的求职者中，我不是最好的，但我可能是最合适的。“自强不息”是我的追求，“脚踏实地”是我做人的原则。我相信我有足够的能力面对今后工作中的各种挑战。真诚希望您能给我一个机会来证明我的实力，我将以优秀的业绩来答谢您的选择！

此致

敬礼！

自荐人：×××

二〇一四年二月十六日

图 2-2 “求职自荐书”效果图 2

实训步骤

（1）启动 Word 2013，新建空白文档，录入图 2-3 所示的文档。

① 启动 Word 2013，选择“开始”→“所有程序”→Microsoft Office Word 2013 命令。

② 启动 Word 时，自动建立一个文件名为“文档 1.doc”的空文档。

③ 在“文档 1.doc”中录入图 2-3 中的文本内容。

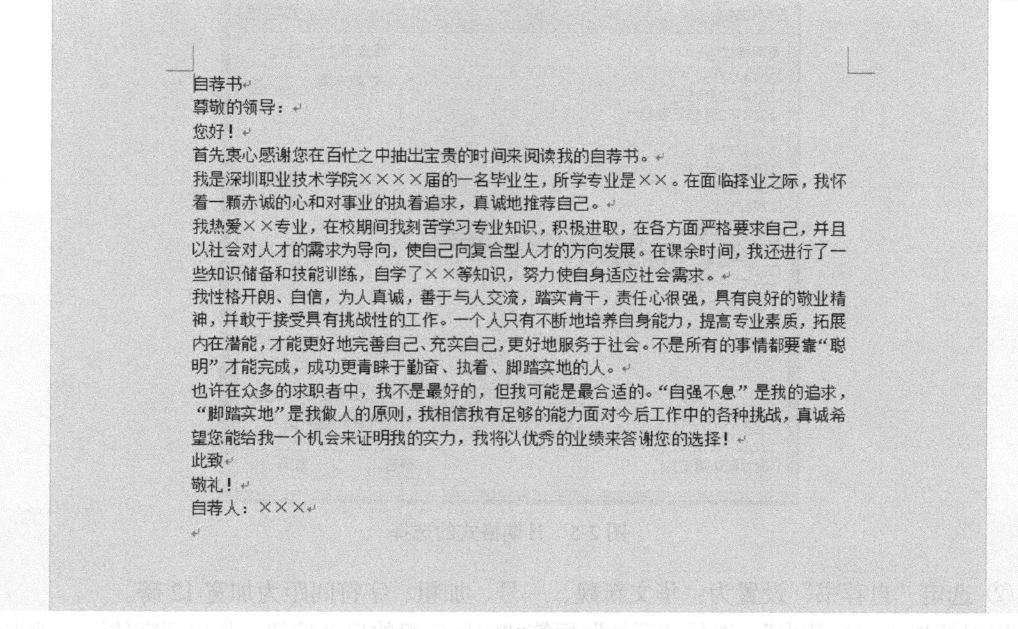

自荐书
尊敬的领导：
您好！
首先衷心感谢您在百忙之中抽出宝贵的时间来阅读我的自荐书。
我是深圳职业技术学院××××届的一名毕业生，所学专业是××。在面临择业之际，我怀着一颗赤诚的心和对事业的执着追求，真诚地推荐自己。
我热爱××专业，在校期间我刻苦学习专业知识，积极进取，在各方面严格要求自己，并且以社会对人才的需求为导向，使自己向复合型人才的方向发展。在课余时间，我还进行了一些知识储备和技能训练，自学了××等知识，努力使自身适应社会需求。
我性格开朗、自信，为人真诚，善于与人交流，踏实肯干，责任心很强，具有良好的敬业精神，并敢于接受具有挑战性的工作。一个人只有不断地培养自身能力，提高专业素质，拓展内在潜能，才能更好地完善自己、充实自己，更好地服务于社会。不是所有的事情都要靠“聪明”才能完成，成功更青睐于勤奋、执着、脚踏实地的人。
也许在众多的求职者中，我不是最好的，但我可能是最合适的。“自强不息”是我的追求，“脚踏实地”是我做人的原则，我相信我有足够的能力面对今后工作中的各种挑战，真诚希望您能给我一个机会来证明我的实力，我将以优秀的业绩来答谢您的选择！
此致
敬礼！
自荐人：×××

图 2-3　“自荐书”文档

（2）文字部分排版。

① 在文章末尾处另起一段，插入当前日期，格式为：××××年××月××日。

选择“插入”标签“文本”组中的“日期和时间”命令，如图 2-4 所示。在弹出的对话框中选择“××××年××月××日”格式，如图 2-5 所示。

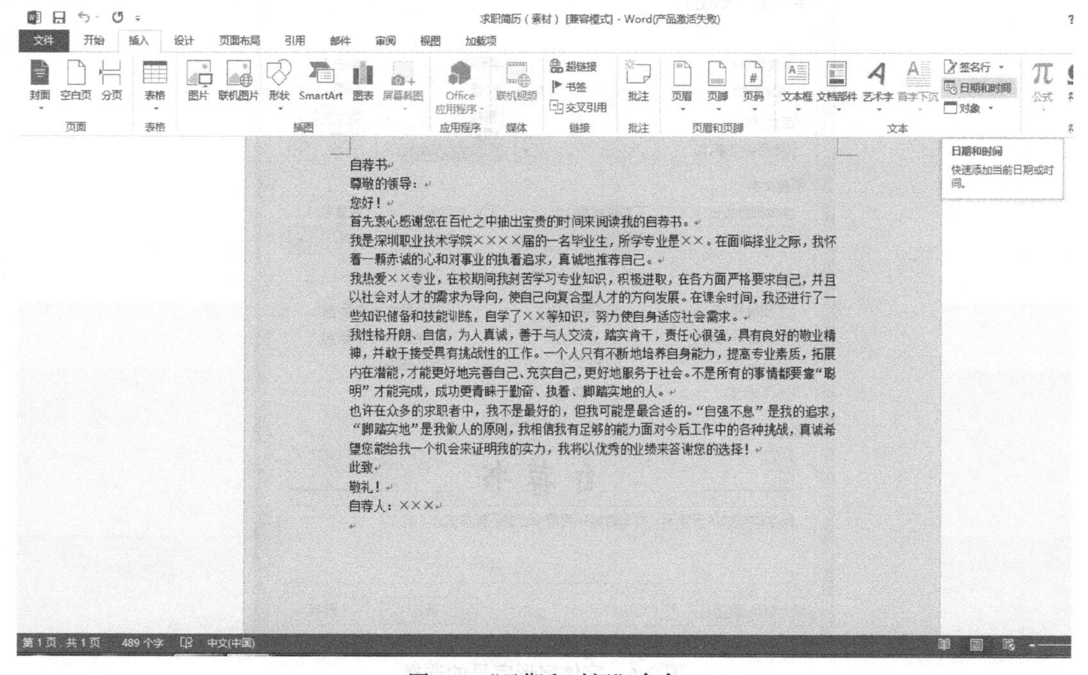

图 2-4　“日期和时间”命令

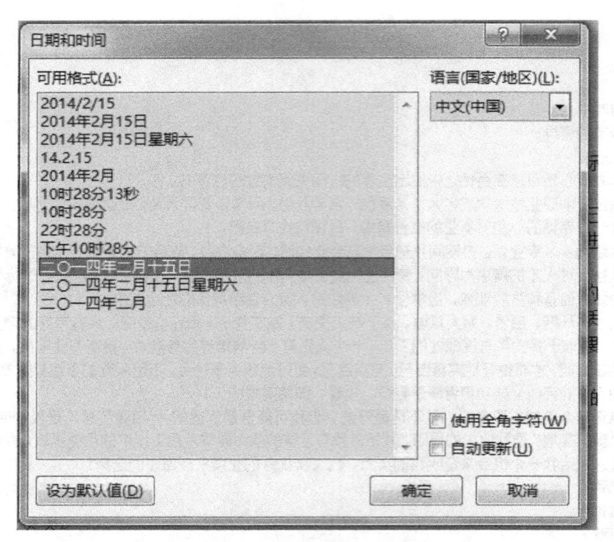

图 2-5　日期格式的选择

② 选定"自荐书"设置为：华文新魏、一号、加粗、字符间距为加宽 12 磅。

用鼠标选定"自荐书"，选择"开始"标签"字体"组的启动按钮，弹出"字体"对话框，在"字体"选项卡中进行设置：中文字体→华文新魏；字号→一号；字形→加粗，如图 2-6 所示。然后选择"高级"选项卡，在"间距"下拉菜单中选择"加宽"，右侧的"磅值"中设置为"12 磅"，如图 2-7 所示。最后单击"确定"按钮。

图 2-6　字体字形字号的选择

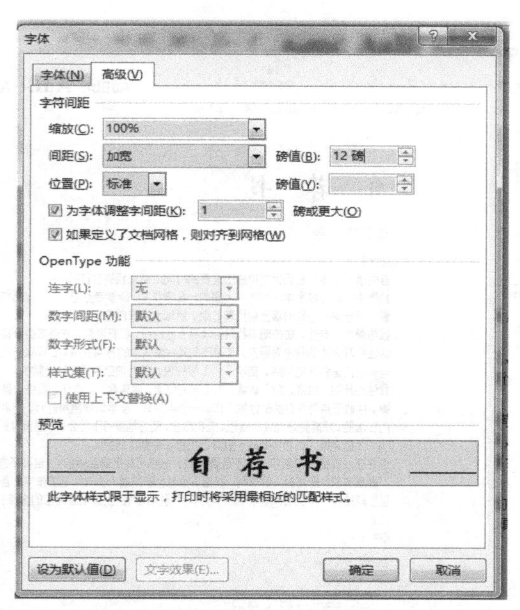

图 2-7　设置字符间距

③ 将“尊敬的领导:”、“自荐人：×××”、“××××年××月××日”设置为：幼圆、四号。

按住“Ctrl”键将相应文字选中，在常用工具栏中进行字体和字号的设置，如图 2-8、图 2-9 所示。

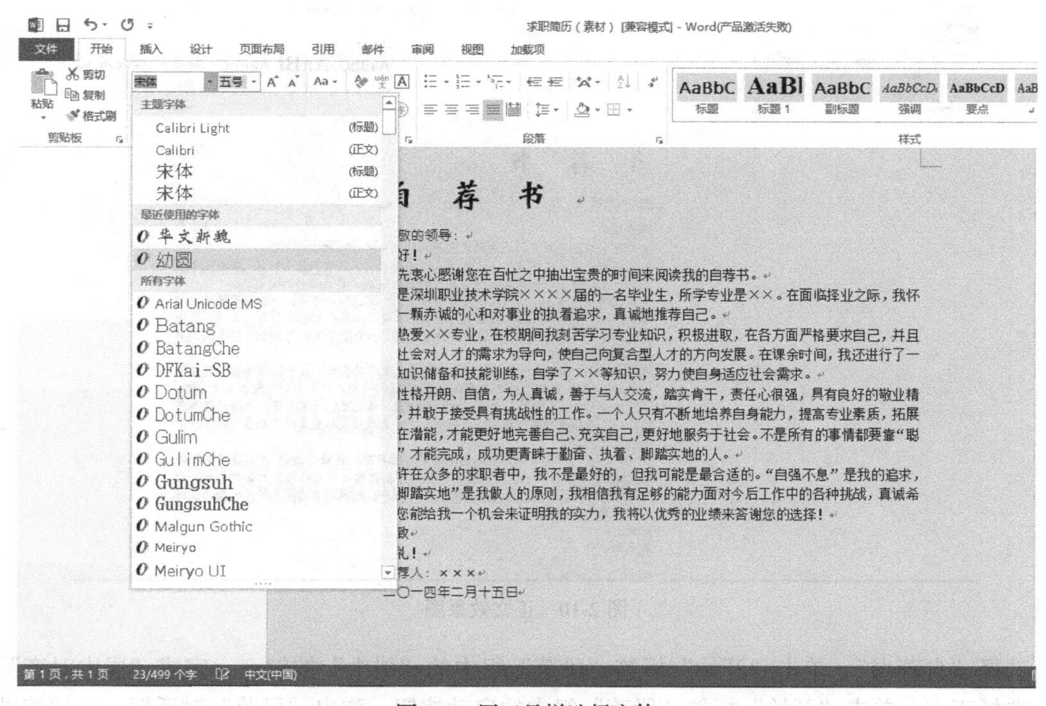

图 2-8　用工具栏选择字体

④ 将正文文字（从“您好”开始到“敬礼!”为止）设置为：楷体、小四号。

设置方式同上步，设置后的效果如图 2-10 所示。

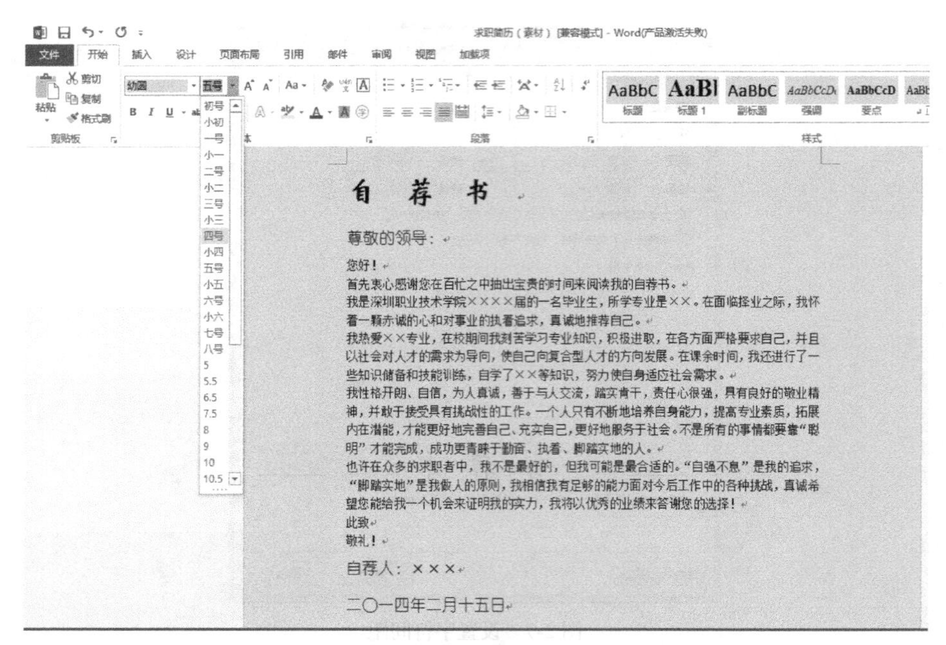

图 2-9　用工具栏选择字号

⑤ 将“自荐书”设置为居中对齐；将正文段落（从“您好”开始到“敬礼!”为止）设置为两端对齐、首行缩进两个字符、1.75 倍行距。

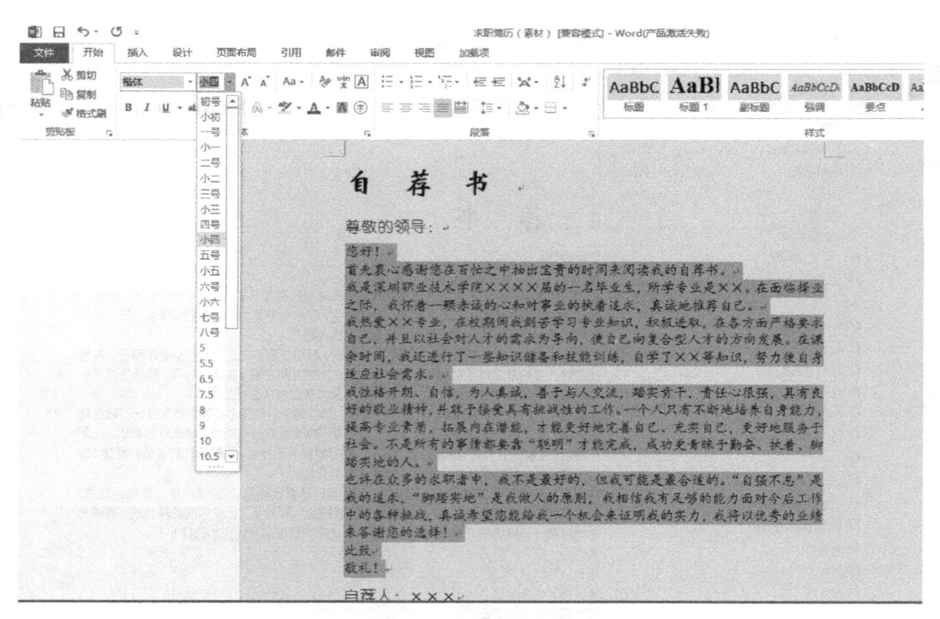

图 2-10　正文效果图

选择“自荐书”，单击“开始”标签“段落”组中的“居中”按钮，完成“居中对齐”设置。选择正文，单击“开始”标签“段落”组中的启动按钮，弹出“段落”对话框，在“缩进与间距”选项卡中设置：“常规”项的“对齐方式”选择“两端对齐”；“缩进”项的“特殊格式”选择“首行缩进”，其右侧的“缩进量”设置“2 字符”；“间距”项的“行距”选择“多倍行距”，其右侧的“设置值”设置为“1.75”。最后单击“确定”按钮，完成设置，如图 2-11 所示。

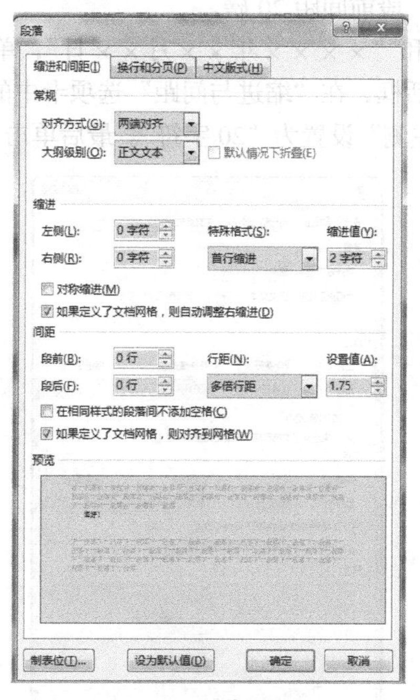

图 2-11　段落的设置

⑥ 取消“敬礼!”前面的缩进。

选择“敬礼!”，单击“开始”标签“段落”组中的启动按钮，弹出“段落”对话框，在“缩进与间距”选项卡的“缩进”项的“特殊格式”选择“无”，单击“确定”按钮，则取消缩进，如图 2-12 所示。

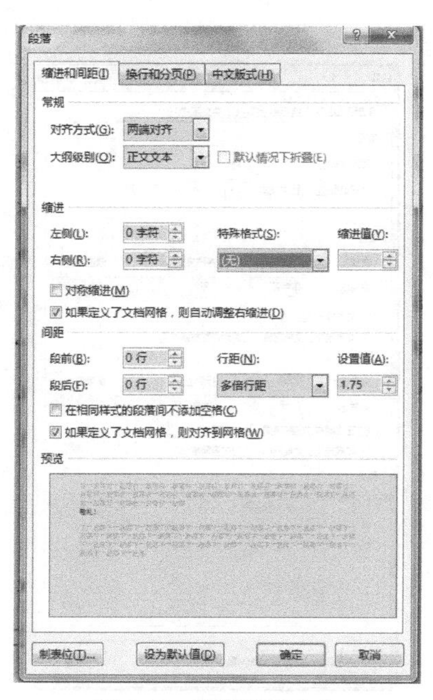

图 2-12　取消缩进命令

⑦ 将“自荐人：×××”“××××年××月××日”设置为：左缩进 20 字符、居中对齐。将“自荐人：×××”设置为：段前间距 20 磅。

选中“自荐人：×××”和“××××年××月××日”，单击“开始”标签“段落”组中的启动按钮，弹出“段落”对话框，在“缩进与间距”选项卡中的“常规”项的“对齐方式”中选择“居中”；“缩进”项的“左侧”设置为“20 字符”。最后单击“确定”按钮，如图 2-13 所示。

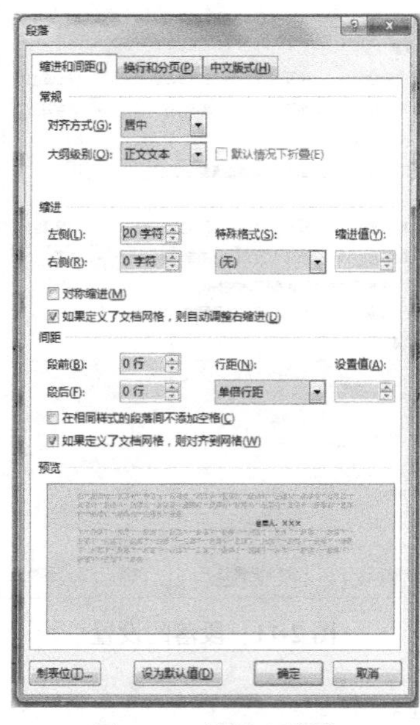

图 2-13　设置左缩进

选择“自荐人：×××”，单击“开始”标签“段落”组中的启动按钮，弹出“段落”对话框，将“缩进与间距”选项卡中的“间距”项的“段前”设置为“20 磅”。最后单击“确定”按钮，如图 2-14 所示。

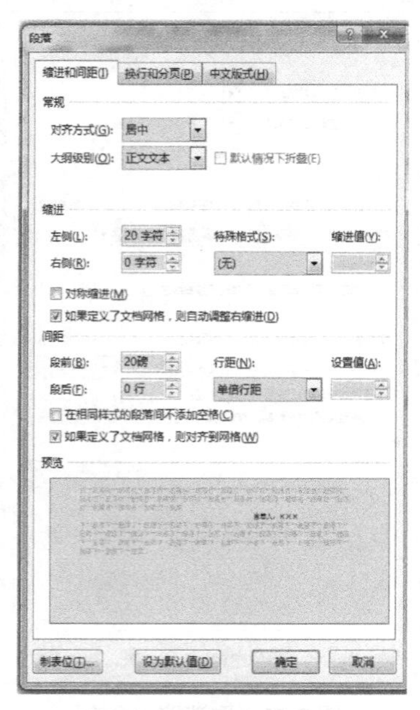

图 2-14　设置段前间距

（3）为“自荐书”设置封面。

① 增加空白页。将光标放置于文章起始处，按 Ctrl+Enter 快捷键，或者选择“插入”选项卡“页”组中的“分页”按钮，或者在“页面布局”选项卡“页面设置”组中“分隔符”下拉按钮中选择“分页符”，如图 2-15 所示。

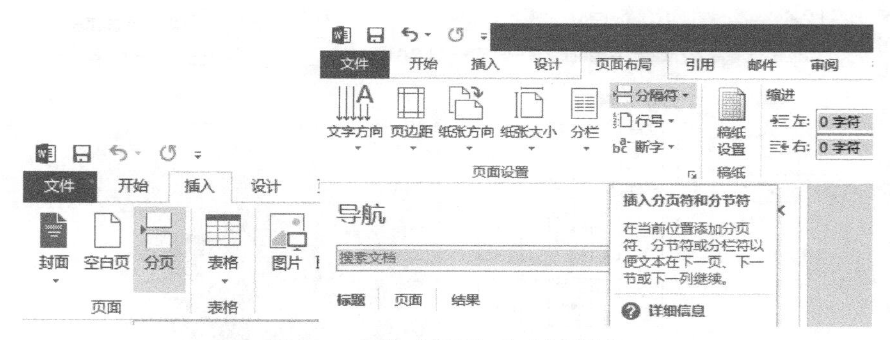

图 2-15　插入“分页”或“分隔符”

② 录入封面文字：求职自荐书，姓名、专业、电话、邮箱等内容。选中“求职自荐书”，设置“字体”为“黑体”，字号为“60”磅，“加粗”，“字体颜色”为“橄榄色”。选中“姓名：×××专业：×××电话：×××邮箱：×××”，设置“字体”为“黑体”，“字号”为“二号”，“字体颜色”为“橄榄色”，“加粗”，“字符间距”为“加宽 10 磅”。

③ 插入背景图片。鼠标定位于第一页当中，选择“插入”选项卡“插图”组中“图片”按钮，如图 2-16 所示。在打开的“插入图片”对话框中找到提供的素材图片“tu1.jpg”，单击“插入”按钮，如图 2-17 所示。

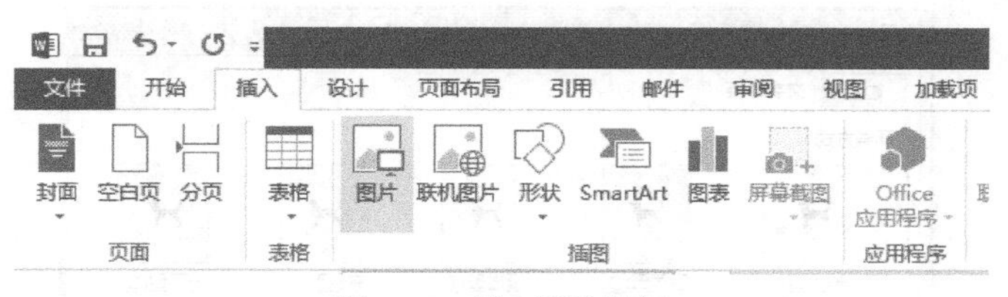

图 2-16　插入图片按钮

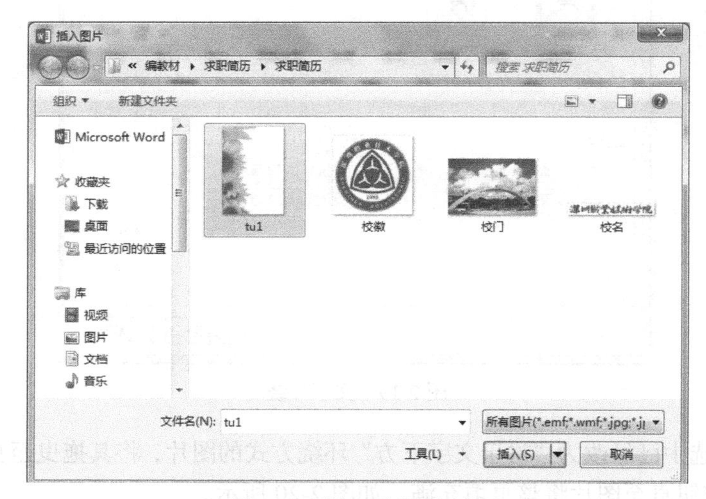

图 2-17　插入图片对话框

④ 单击选中插入第一页中的图片，选择“图片工具”标签中“格式”选项卡“排列”组中的“位置”下拉按钮中的“其他布局选项”，如图 2-18 所示。

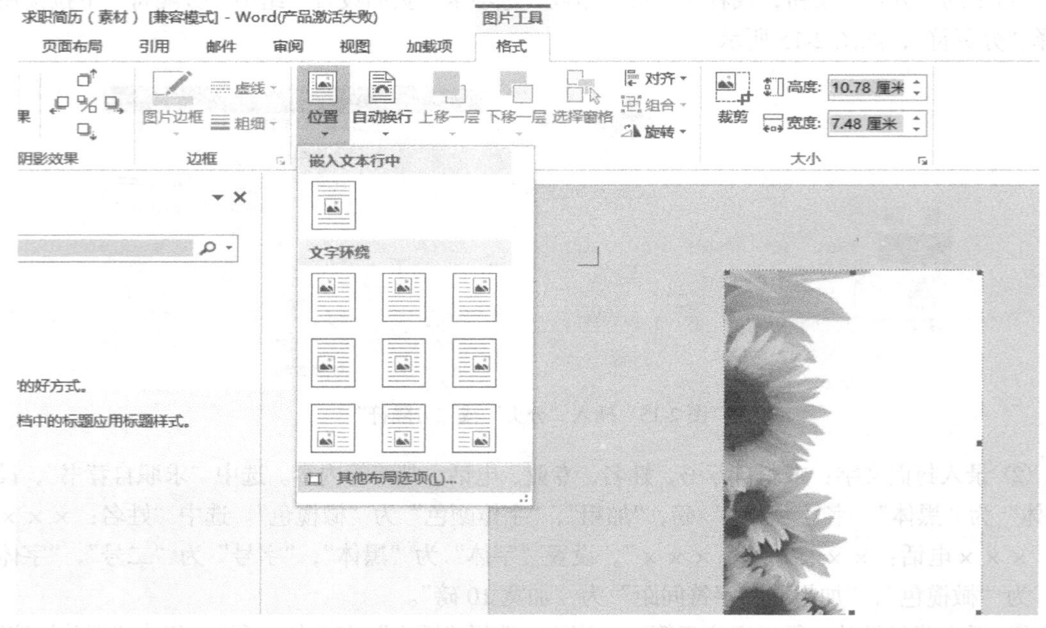

图 2-18　图片位置选项

⑤ 在打开的“布局”对话框“文字环绕”标签中选择“衬于文字下方”，如图 2-19 所示。

图 2-19　文字环绕

⑥ 鼠标左键选中已经改为“衬于文字下方”环绕方式的图片，将其拖曳至页面左上角，拖动图片右下角控制按钮直至图片将整页填充满，如图 2-20 所示。

图 2-20　图片放置效果

（4）为“自荐书”是设置页面边框。

单击“页面布局”标签中“页面设置”组的启动按钮，弹出的“页面设置”对话框，单击“版式”标签右下方的“边框”按钮，在弹出的“边框和底纹”对话框中的“设置”项任选一种边框效果，如“方框”；在“样式”项任选一种效果，如在“艺术型”中任选一种，颜色及宽度为默认；“应用于”项选择为“本节”。最后单击“确定”按钮，如图 2-21 所示。

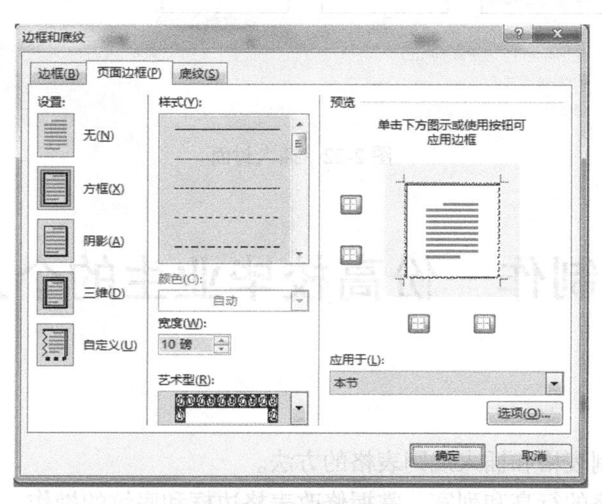

图 2-21　设置页面边框

（5）保存文件。选择“快速访问工具栏”中的“保存”按钮，或者选择“文件”选项卡“保存”命令，或按 Ctrl+S 组合键将文件更新保存。

实训技巧

（1）不打开 Word 程序也可以新建 Word 文档。右键单击桌面空白处，在弹出的快捷菜单中选择“新建”中的“Microsoft Word 文档”，将文件名改为“求职履历表.doc”，回车确认，双击打开文档即可继续编辑。

（2）分隔符中还有一类是分节符，分节符用于在部分文档中实现版式或格式更改。用户可以更改单个节的下列元素：页边距、纸张大小或方向、打印机纸张来源、页面边框、页面上文本的垂直对齐方式、页眉和页脚、列、页码编号、行号、脚注和尾注编号。

（3）Word 2013 内置了已经设计好的“封面”，选择“插入”选项卡“页”组中的“封面”按钮，可以在打开的下拉列表中选择合适的封面，直接套用在自己的文档第一页，只需要更改其中的文本项即可，如图 2-22 所示。

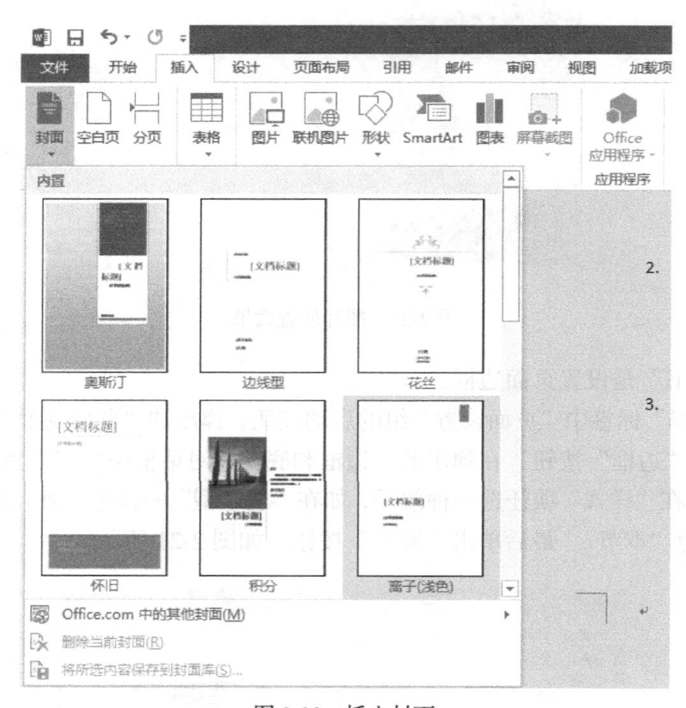

图 2-22　插入封面

实训 2　制作一份高校毕业生的个人履历表

实训目标

- ❖ 熟练掌握绘制表格和插入规则表格的方法。
- ❖ 学会调整表格的行高和列宽，掌握修改表格边框和底纹的操作。

❖　掌握删除表格、删除表行列、插入表行列、合并单元格、拆分单元格、拆分表格的方法。
❖　了解套用表格样式的操作。
❖　掌握单元格对齐及文字格式化的方法。
❖　了解表格公式。

操作要求：使用表格功能制作一份高校毕业生的个人履历表，要求表格内容清晰明了，格式美观大方，参考效果如图 2-23 所示。不要求完全一致，可以根据自己的审美进行设置。要求使用绘制表格的方法完成。

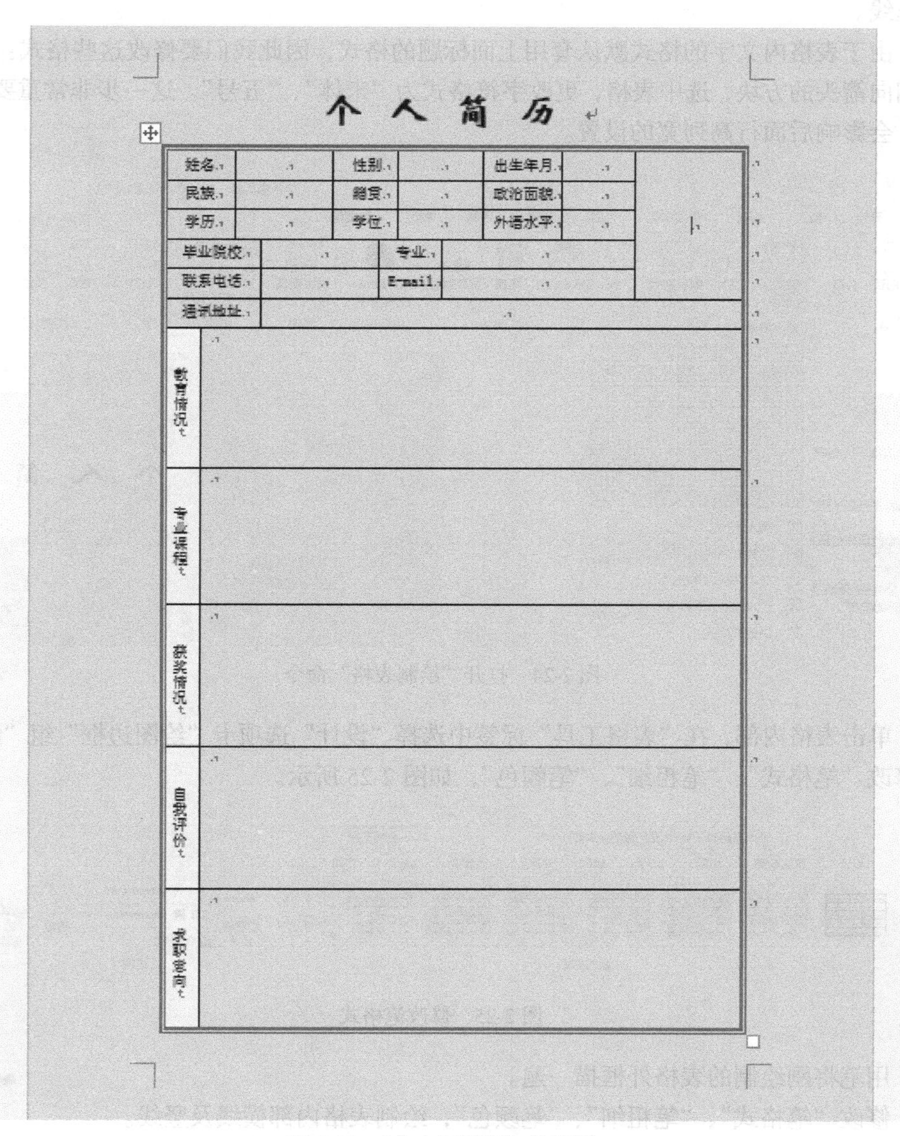

图 2-23　“个人履历表”效果图

实训步骤

在 Word 中创建表格可以采用两种途径：一种是利用绘制表格的方法创建表格；另一种是先

插入规则表格，再将规则表格编辑为不规则表格。本训练中采用第一种方法。

绘制表格是一笔一笔画出来的表格。操作步骤如下。

（1）新建 Word 文档“个人履历表.docx”，打开文档编辑第一行标题“个人简历”，字体格式任意，段落格式为“居中对齐”。

（2）选择“插入”选项卡“表格”组中“表格”按钮，在打开的下拉列表中选择“绘制表格”命令，如图 2-24 所示。

（3）光标移到要创建表格的位置，此时光标变为铅笔头形状，拖动鼠标绘制“个人履历表”的外边框线。

（4）由于表格内文字的格式默认套用上面标题的格式，因此我们要修改这些格式：选中表格左上角四向箭头的方块，选中表格，更改字符格式为“宋体”、“五号”。这一步非常重要，如果设置不好，会影响后面行高列宽的设置。

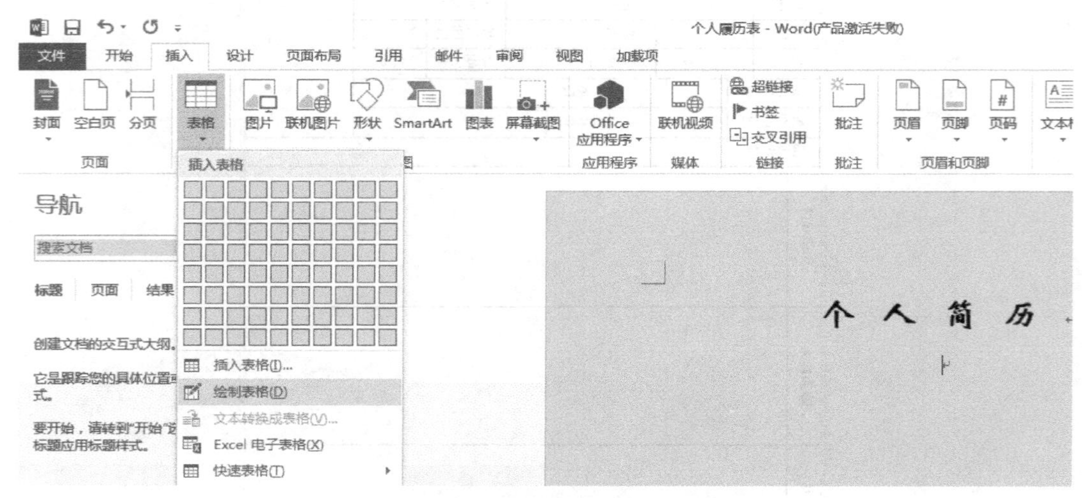

图 2-24　打开“绘制表格”命令

（5）单击表格内部，在“表格工具”标签中选择“设计”选项卡“绘图边框”组“绘制表格”按钮，修改“笔格式”、“笔粗细”、“笔颜色”，如图 2-25 所示。

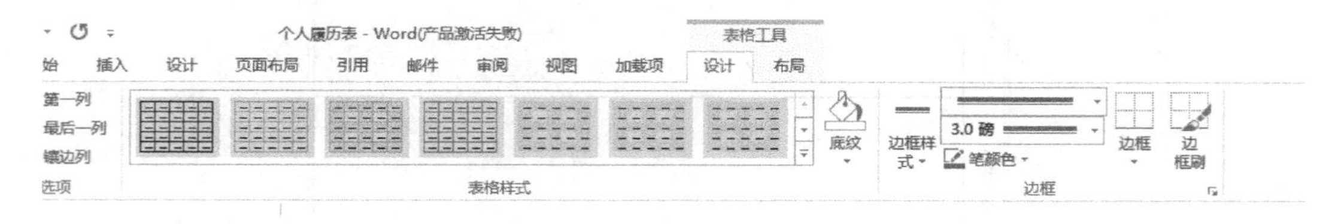

图 2-25　修改笔格式

（6）用笔将刚绘制的表格外框描一遍。

（7）修改“笔格式”、“笔粗细”、“笔颜色”，绘制表格内部横线及竖线。

（8）选中第一行至第六行的单元格，在“表格工具”标签中选择“布局”选项卡“单元格大小”组中的“分布行”按钮，使这些行的高度一样，如图 2-26 所示。

（9）选中第七行至最后一行的单元格，在“表格工具”标签中选择“布局”选项卡“单元格大小”组中的“分布行”按钮，使这些行的高度也一样，方法与上一步相同。

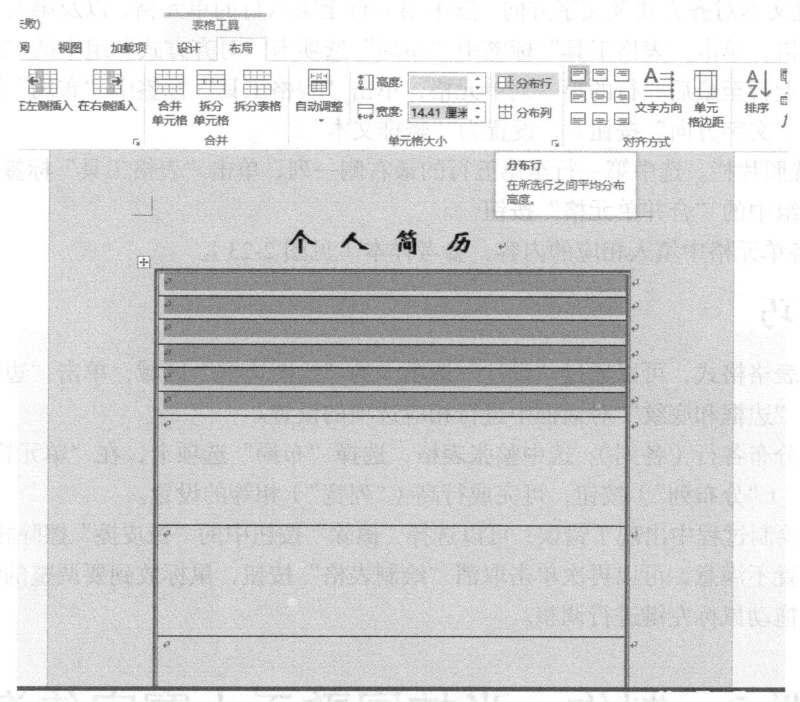

图 2-26　分布行命令

（10）选中单元格，在“表格工具”标签中选择“设计”选项卡“绘图边框”组的启动器，或者单击鼠标右键，选择“边框和底纹”，在打开的“边框和底纹”对话框“底纹”标签中选择填充色，如图 2-27 所示。

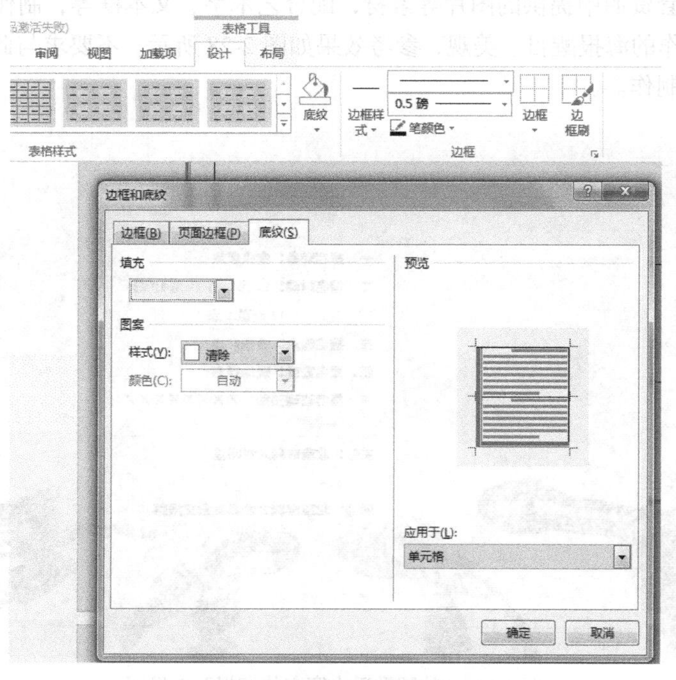

图 2-27　设置表格底纹

（11）设置文本对齐方式及文字方向。选中第一行至第六行的单元格，以及第七行至最后一行的第一列单元格，单击“表格工具”标签中“布局”选项卡“对齐方式”组中的“水平居中”按钮；选中第七行至最后一行的第一列单元格，单击“表格工具”标签中“布局”选项卡“对齐方式”组中的“文字方向”按钮，设置为“竖排文本”。

（12）设置照片栏。选中第一行至第五行的最右侧一列，单击“表格工具”标签中“布局”选项卡“合并”组中的“合并单元格”按钮。

（13）在各单元格中填入相应的内容，参考样本（见图 2-23）。

实训技巧

（1）设置表格格式，可以通过“设计”选项卡的“绘图边框”区域，单击“边框和底纹”按钮，在弹出的“边框和底纹”对话框中进行相应选项的设置。

（2）平均分布各行（各列）。选中整张表格，选择“布局”选项卡，在“单元格大小”组中，单击“分布行”（“分布列”）按钮，可完成行高（“列宽”）相等的设置。

（3）如果绘制过程中出现了错误，可以选择“擦除”按钮中的“橡皮擦”擦除相应的边框线。如果对线的位置不满意，可以再次单击取消“绘制表格”按钮，鼠标放到要调整的线上，待变成双线箭头时，拖动鼠标左键进行调整。

实训 3　制作一张校园歌手大赛宣传海报

实训目标

使用本教材配套资源中提供的图片等素材，配合艺术字、文本框等，制作一份校园歌手大赛宣传海报，要求制作的海报醒目、美观，参考效果如图 2-28 所示。不要求与此完全一致，可以根据自己的审美进行制作。

图 2-28　“校园歌手大赛宣传海报”效果图

实训步骤

(1)启动 Word 2013，新建空白文档。

① 单击桌面左下角“开始”菜单，选择“程序”→“Microsoft Office”→“Microsoft Office Word 2013”，启动 Word 2013 程序，系统自动新建一个空白文档。新建文件的默认主文件名为“文档 1”、“文档 2”……扩展名为“. docx”。选择页面布局选项卡，单击“页面设置”组中的“纸张方向”，设置纸张方向为“横向”，如图 2-29 所示。

提示：不打开 Word 程序也可以新建 Word 文档，右键单击桌面空白处，在弹出的快捷菜单中选择“新建”中的“Microsoft Word 文档”，将文件名改为“校园歌手大赛宣传海报.docx”，回车确认，双击打开文档即可继续编辑。

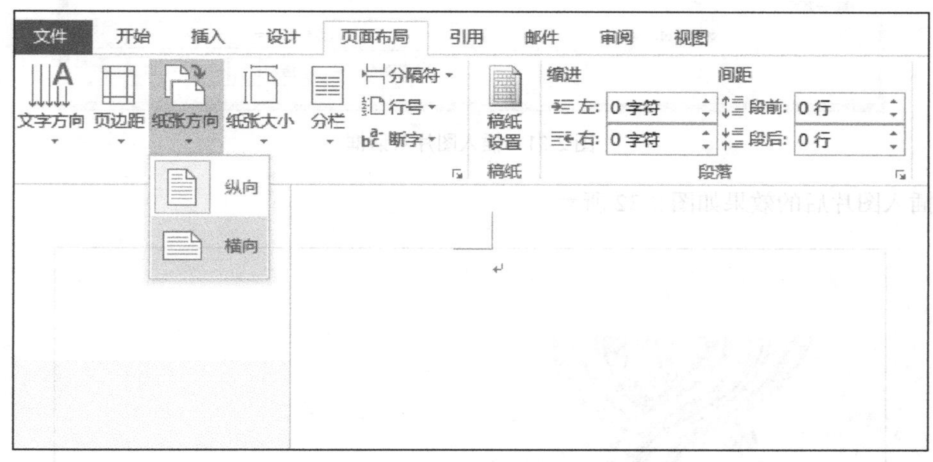

图 2-29　设置纸张方向

② 选择“文件”选项卡，单击“保存”命令，打开“另存为”对话框，选择保存位置为“桌面”，修改文档名为“校园歌手大赛宣传海报.docx”进行保存。在后续操作过程中，可使用 Ctrl+ S 快捷键不时地重复保存操作。

(2)插入图片。

① 选择“插入”选项卡“插图”组中“图片”按钮，如图 2-30 所示。

图 2-30　插入图片按钮

② 在打开的“插入图片”对话框中找到提供的素材图片“海报.jpg”，单击“插入”按钮，如图 2-31 所示。

图 2-31　插入图片对话框

③ 插入图片后的效果如图 2-32 所示。

图 2-32　插入图片后的效果

④ 选中图片，选择“格式”选项卡“大小”组中的“裁剪”按钮，将图片的顶部去掉一些，如图 2-33 所示。

⑤ 取消“裁剪”按钮，选中图片，选择“格式”选项卡“排列”组中的“自动换行”按钮，在下拉列表中选择“衬于文字下方”，拖动图片至页面左上角，拖动图片右下角的控制按钮至图片充满整个页面，设置效果如图 2-34 所示。

图 2-33　对图片进行裁剪

图 2-34　图片充满页面

⑥ 更改图片颜色。选中该图片，选择“格式”选项卡，单击“调整”组中的“颜色”按钮，选择“重新着色”中的“橙色，着色 2，深色”，如图 2-35 所示。

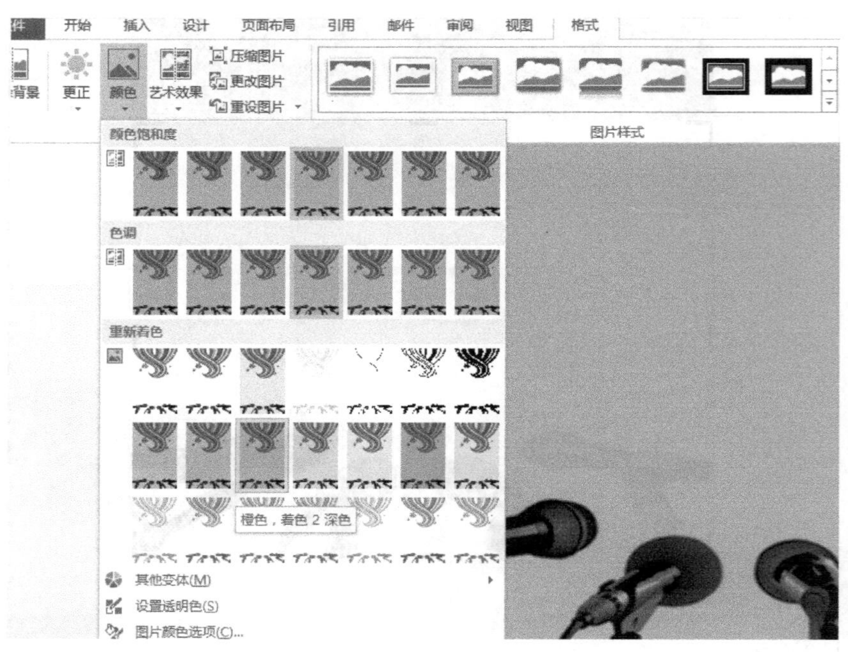

图 2-35　改变图片颜色

（3）插入艺术字。

在页面的左上角插入一行艺术字“期待你的声音”，在页面右侧插入艺术字“第十届校园歌手大赛”，要求美观、醒目，操作步骤如下。

① 鼠标定位于页面的第一空行，即左上角，选择“插入”选项卡“文本”组中的“艺术字”按钮，如图 2-36 所示。

图 2-36　插入“艺术字”按钮

② 在打开的下拉框中，选择第 3 行第 3 列的样式，如图 2-37 所示。

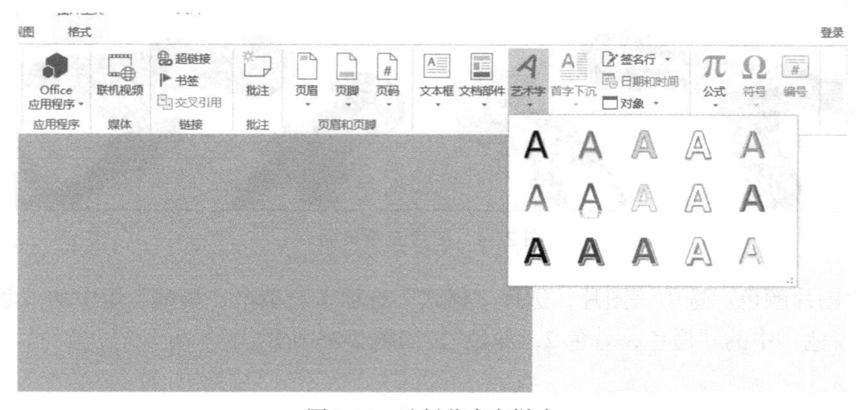

图 2-37　选择艺术字样式

③ 选择“格式”选项卡“艺术字样式”组，单击“文本效果”，选择“转换”中的合适的文字效果，如图 2-38 所示。

图 2-38　添加文字效果

④ 用同样的方法在页面的右侧插入艺术字“第十届校园歌手大赛”，选择“格式”选项卡“文本”组，单击“文字方向”，选择“垂直”，并将该艺术字移动到页面的右侧，如图 2-39 所示。

图 2-39　插入纵向的艺术字

（4）插入文本框。

在页面的底端插入一个文本框并录入联系方式等内容，操作步骤如下。

① 定位鼠标在分栏文本的下方，选择“插入”选项卡“文本”组中的“文本框”按钮，在打开的下拉框中选择“绘制文本框”，此时鼠标变成一个十字，在页面底端拖动鼠标绘制出一个文本框，如图 2-40 所示。

图 2-40　绘制文本框

② 将文本框中的字体改为“华文琥珀”，“三号”，“加粗”，如图 2-41 所示。

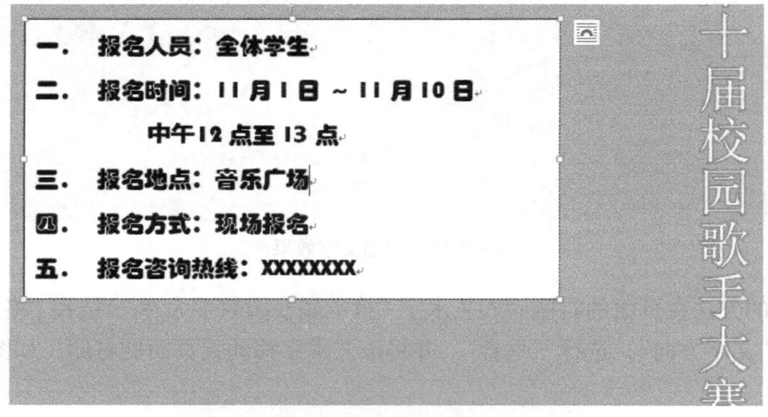

图 2-41　修改字体

③ 修改文本框的效果。选择文本框，选择“格式”选项卡“形状样式”组中的“形状轮廓”按钮，单击“发光”中的“橙色，18pt，发光，着色 2”，如图 2-42 所示。

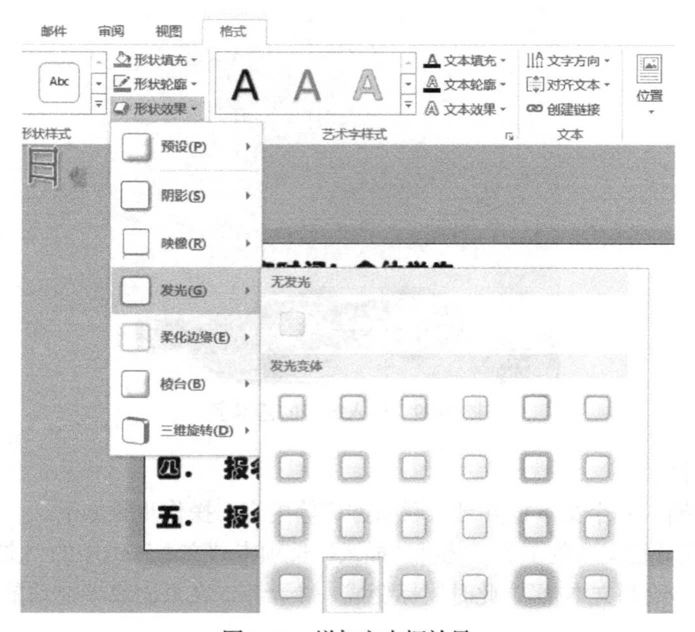

图 2-42　增加文本框效果

④ 给文本框填充颜色。选择“格式”选项卡“形状样式”组中的“形状填充”按钮，选择“标准色”中的“橙色”，如图 2-43 所示。

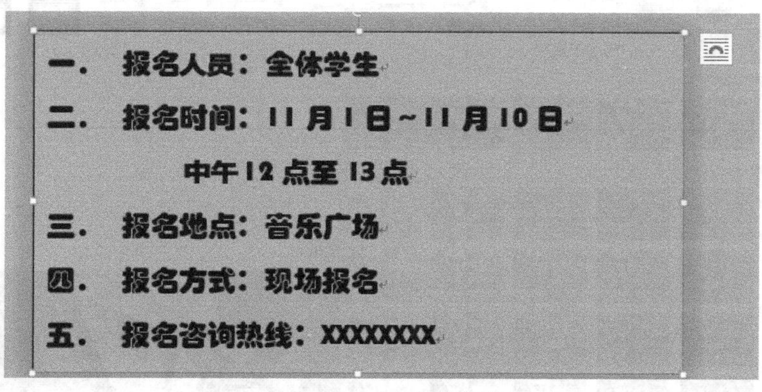

图 2-43 文本框填充颜色

⑤ 用同样的方法绘制另一个文本框，并输入样张中的文字，效果如图 2-44 所示。

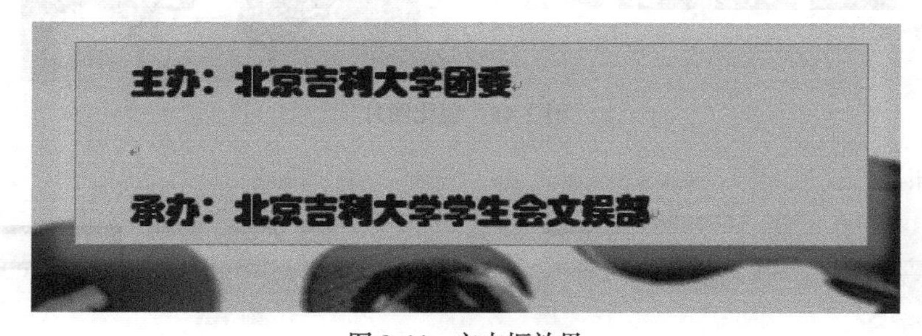

图 2-44 文本框效果

实训技巧

Word 2013 中提供了一系列调整图片颜色的功能，包括锐化/柔化、亮度/对比度、颜色饱和度、色调等方式，如果对插入图片的色彩不满意，可以对其重新进行调整。

1. 锐化和柔化图片

锐化和柔化功能是对图片清晰度的调整，锐化功能可以使图片更加清晰，而柔化则用于缓解图片的过度锐化，为图片设置锐化和柔化效果时，可以直接使用程序中的预设的样式。

① 打开“漂亮蝴蝶壁纸”文档，单击需要调整锐化和柔化效果的图片。

② 选择目标图片后，单击“图片工具”|“格式”选项卡下“调整”选项组中的“更正”按钮，在展开的效果库中单击“锐化/柔化”区域中的“锐化 50%”选项，如图 2-45 所示。

2. 调整图片亮度和对比度

亮度和对比度功能用于调整那些光线过亮或过暗的图片，如果单纯地将过暗的图片调亮，那么图片中的色彩就会发灰，此时再对对比度进行调整，就可以展现图片的靓丽色彩。

选择目标图片后，单击“图片工具”|“格式”选项卡下“调整”选项组中的“更正”按钮，在展开的效果库中单击“亮度/对比度”区域中的“亮度：+40%，对比度：–20%”选项，如图 2-46 所示。

图 2-45 锐化图片

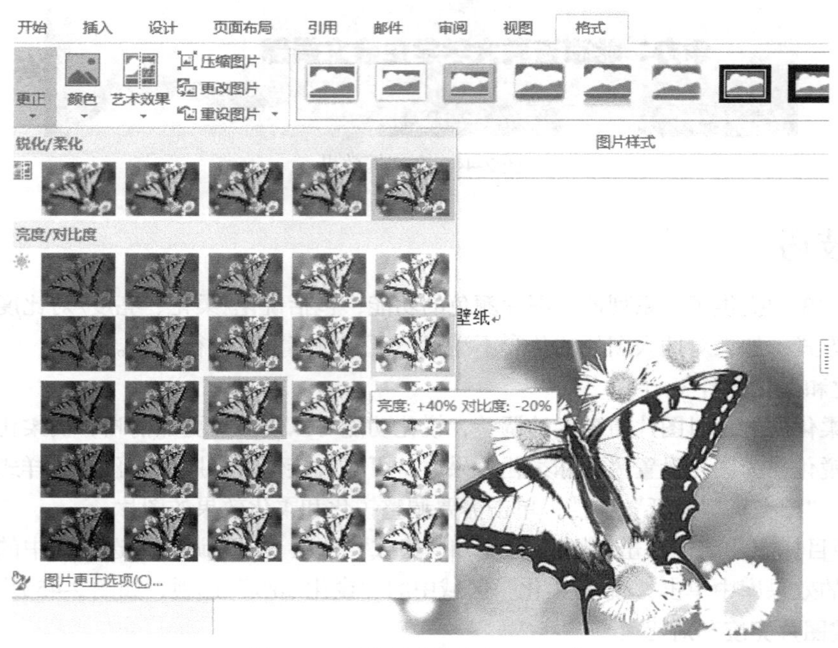

图 2-46 调整图片的亮度和对比度

3. 调整图片的颜色饱和度

图片的颜色饱和度决定了图片色彩的鲜艳程度，如果想让图片更加亮丽，可通过调节饱和度来达到效果，但调节时要适可而止，否则会引起反效果。

选择目标图片后，单击“图片工具”|“格式”选项卡下“调整”选项组中的“颜色”按钮，在展开的效果库中单击“颜色饱和度”区域中的“饱和度：300%”选项，如图 2-47 所示。

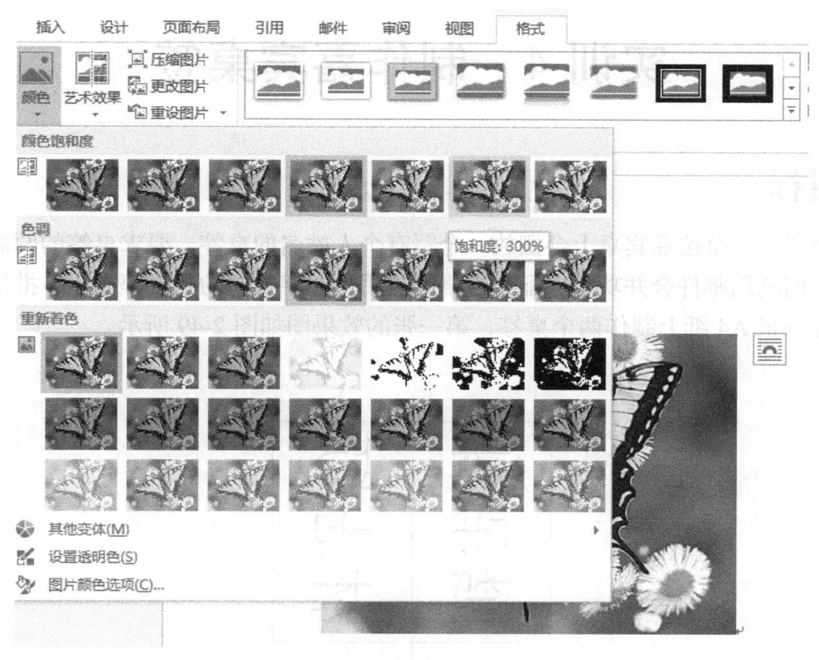

图 2-47　调整颜色饱和度

4. 对图片进行重新着色

对图片重新着色可以更改图片的主体颜色，Word 软件中预设了 20 余种着色效果，预设的效果中包含了填充色、透明度等综合效果，所以使用 Word 预设效果可以制作出美观且多样的效果。

选择目标图片后，单击“图片工具” | “格式”选项卡下“调整”选项组中的“颜色”按钮，在展开的效果库中单击“重新着色”区域中的“橙色，着色 2 浅色”选项，如图 2-48 所示。

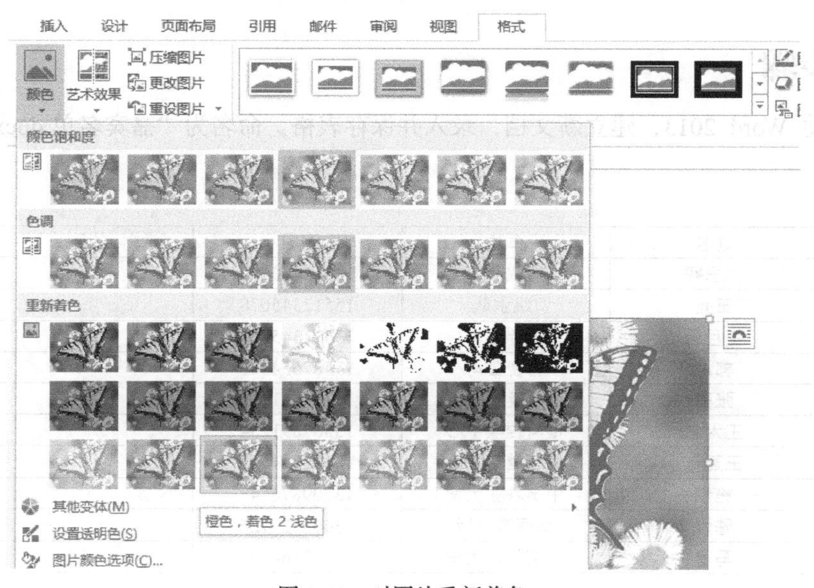

图 2-48　对图片重新着色

实训 4　制作嘉宾桌签

实训目标

在各种会议中，每位嘉宾桌上会摆放一个写有个人姓名的桌签，要求桌签的两面都要有个人姓名。现在我们利用邮件合并功能，配合表格的应用、文字方向的更改等操作，批量制作嘉宾的桌签。要求在一张 A4 纸上制作两个桌签，第一张的效果图如图 2-49 所示。

图 2-49　嘉宾桌签效果图

实训步骤

（1）启动 Word 2013，建立新文档，录入并保存表格，命名为“嘉宾名单.docx”。内容如图 2-50 所示。

姓名	单位	电话	备注
林志颖	时尚集团	18812456789	
田亮	跳水队	15512345678	
王岳伦	唱片公司	13612345678	
郭涛	影视公司	13587654321	
张亮	凯渥模特公司	15287651234	
王为念	银河传媒中心	13567891234	
王建一	心理健康中心	18601234567	
施钢	中国农业大学	13709876543	
陈旭	律师事务所	13603527726	
马建	北京师范大学	18727364598	

图 2-50　嘉宾名单

（2）启动 Word 2013，建立新文档，作为主文档使用，将纸张方向设置为“纵向”，插入两行两列的表格，均分行，均分列。内容如图 2-51 所示，并保存为“主文档.docx”。

图 2-51　主文档内容

（3）使用邮件合并功能将主文档（主文档.docx）和数据源（嘉宾名单.docx）建立关联。

打开“主文档.docx”，单击“邮件”选项卡，在“开始邮件合并”组中，单击“选择收件人”按钮，在打开的下拉列表中，选择“使用现有列表”命令，打开数据源文档“嘉宾名单.docx”。

（4）在主文档中插入合并域。

① 将插入点放在第一个单元格中，选择“邮件”选项卡，在“编写和插入域”组中，单击“插入合并域”按钮，在打开的下拉列表中，单击“姓名”。效果如图 2-52 所示。

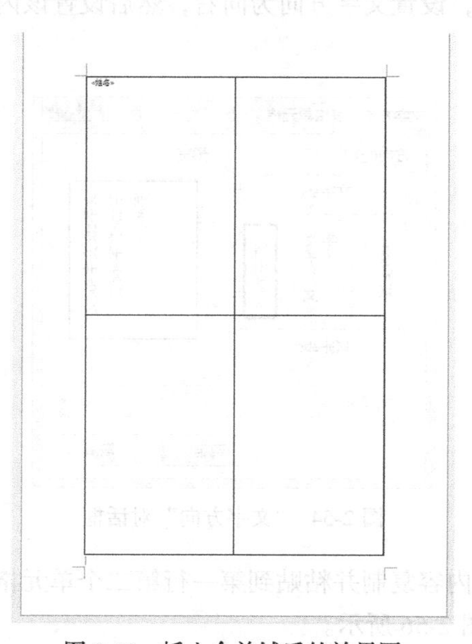

图 2-52　插入合并域后的效果图

② 在第一个单元格中，选中插入的姓名域，在“开始”选项卡中，将字号改为100磅。效果如图2-53所示。

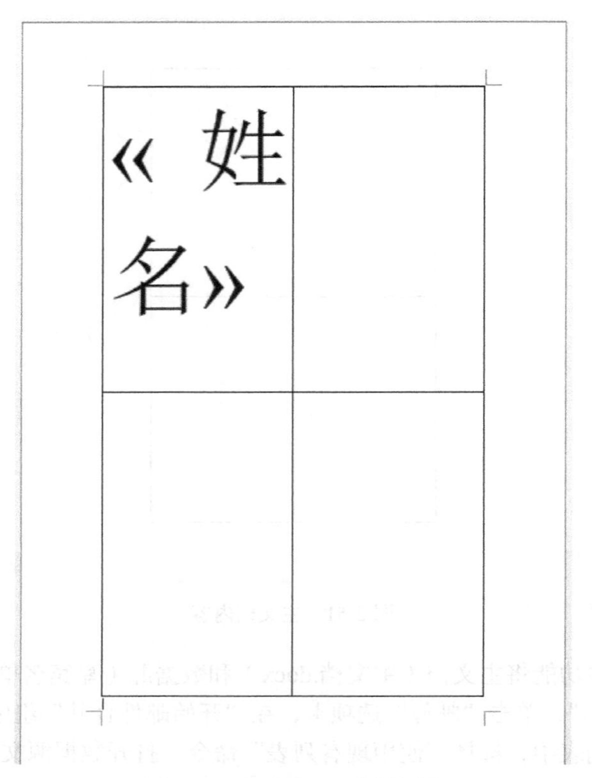

图2-53　字号为100磅效果图

③ 在“页面布局选项卡”中，单击“文字方向”按钮，在展开的下拉列表中，打开“文字方向”对话框，如图2-54所示，设置文字方向为向右，然后设置该内容在单元格内“中部居中”，效果如图2-55所示。

图2-54　“文字方向”对话框

④ 将第一个单元格中的内容复制并粘贴到第一行第二个单元格中，然后，修改第一行第二个单元格的文字方向，效果如图2-56所示。

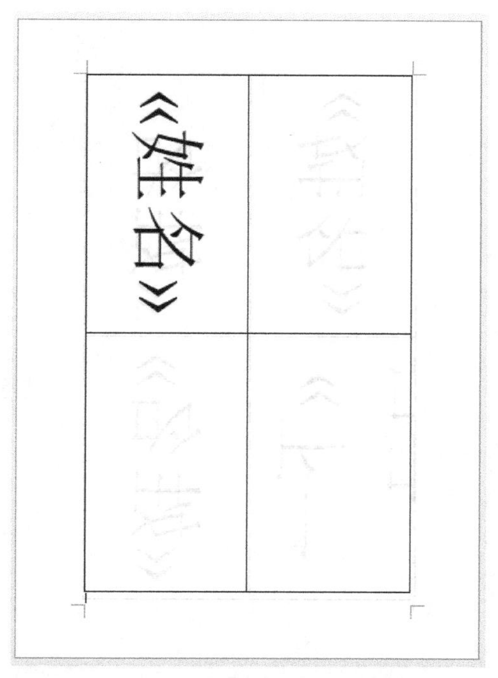

图 2-55 文字方向设置完成效果图

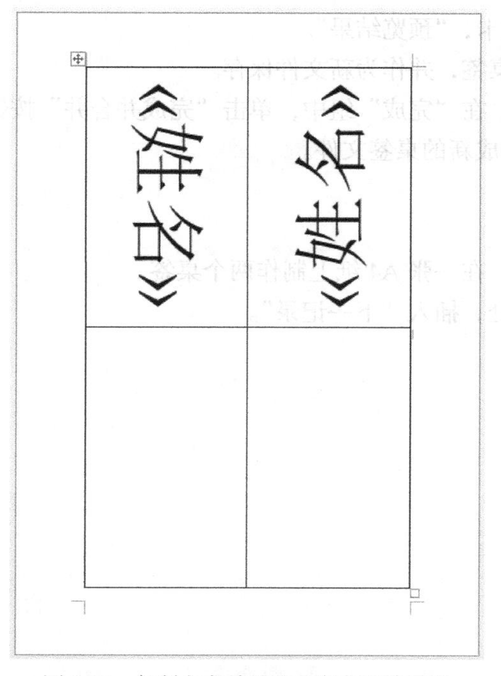

图 2-56 复制文字并设置文字方向效果图

⑤ 将表格中第一行的内容复制到第二行中。将插入点置于第二行第一个单元格内开始处，选择“邮件”选项卡，在“编写和插入域”中，单击“规则”按钮，在打开的下拉列表中，单击“下一记录”，效果如图 2-57 所示。

图 2-57　插入“下一记录”效果图

⑥ 选择“邮件”选项卡，“预览结果”。

（5）生成每位嘉宾的桌签，并作为新文件保存。

选择“邮件”选项卡，在“完成”组中，单击“完成并合并”按钮，在打开的下拉列表中，单击“编辑单个文档”，形成新的桌签文件。

操作技巧

（1）节约用纸的方法。在一张 A4 纸上制作两个桌签。

（2）在第二桌签开始处，插入“下一记录”。

第3章 Excel电子表格实战

实训1 调查问卷结果的数据导入和整理

在日常生活中，我们有时会收到各种调查问卷，偶尔我们也会发放一些调查问卷，向特定的人群征集他们对某事物的看法。本实训以运城职业技术学院营销2班关于大学生对食堂满意度的调查问卷为例，学习调查问卷结果的数据导入和整理。

实训目标

将调查结果导入Excel 2013的工作表，并剔除无效结果，保留有效结果，制作表3-1。

表3-1 调查问卷结果

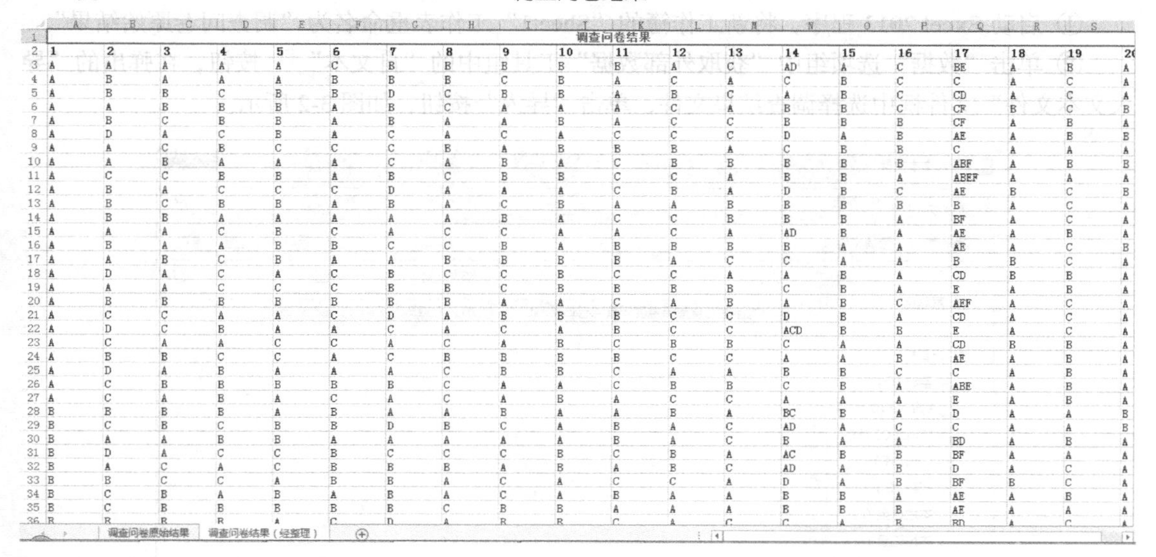

	A	B	C	D	E	F	G	H	I	J	K	L	M	N	O	P	Q	R	S	
1	调查问卷结果																			
2	1	2	3	4	5	6	7	8	9	10	11	12	13	14	15	16	17	18	19	20
3	A	A	A	A	A	C	B	B	B	B	B	A	C	AD	A	C	BE	A	B	A
4	A	B	A	A	A	B	B	B	C	B	A	C	A	C	B	C	C	A	C	A
5	A	B	B	C	B	B	D	C	B	B	A	B	C	A	B	C	CD	A	C	A
6	A	A	B	B	B	A	B	C	A	A	A	C	A	B	B	C	CF	B	C	B
7	A	B	C	B	B	A	B	A	A	B	A	C	C	B	B	B	CF	A	B	A
8	A	D	A	C	B	A	C	A	C	A	C	C	C	D	A	B	AE	A	B	B
9	A	A	C	B	C	C	C	B	A	B	B	B	A	C	B	B	C	A	A	A
10	A	A	B	A	A	A	C	A	B	A	C	B	B	B	B	B	ABF	A	B	B
11	A	C	C	B	B	A	B	C	B	B	C	C	A	B	B	A	ABEF	A	A	A
12	A	B	A	C	C	C	D	A	A	A	C	B	A	D	B	C	AE	B	C	B
13	A	B	C	B	B	A	B	A	C	B	A	A	B	B	B	B	B	A	C	A
14	A	B	B	A	A	A	A	A	B	A	C	C	B	B	B	A	BF	A	C	A
15	A	A	A	C	B	C	A	C	C	A	A	C	A	AD	B	A	AE	A	B	A
16	A	B	A	A	B	B	C	C	B	A	B	B	B	B	A	A	AE	A	C	B
17	A	A	B	C	B	A	A	B	B	B	B	A	C	C	A	A	B	B	C	A
18	A	D	A	C	A	C	B	C	C	B	C	C	A	A	B	A	CD	B	B	A
19	A	A	A	C	C	C	B	B	C	B	B	B	B	C	B	A	E	A	B	A
20	A	B	B	B	B	B	B	B	A	A	C	A	B	A	B	C	AEF	A	C	A
21	A	C	C	A	A	C	D	A	B	B	B	C	C	D	B	A	CD	A	C	A
22	A	D	C	B	A	A	C	A	C	A	B	C	C	ACD	B	B	E	A	C	A
23	A	C	A	A	C	C	A	C	A	B	C	B	B	C	A	A	CD	B	B	A
24	A	B	B	C	C	A	C	B	B	B	B	C	C	A	A	B	AE	A	B	A
25	A	D	A	B	A	A	A	C	B	B	C	A	A	B	B	C	C	A	B	A
26	A	C	B	B	B	B	B	C	A	A	C	B	B	C	B	A	ABE	A	B	A
27	A	C	A	B	A	C	A	C	A	B	A	C	C	A	A	A	E	A	B	A
28	B	B	B	B	A	B	A	A	B	A	A	B	A	BC	B	A	D	A	A	B
29	B	C	B	C	B	B	D	B	C	A	B	A	C	AD	A	C	C	A	A	B
30	B	A	A	B	B	A	A	A	A	A	B	A	C	B	A	A	BD	A	B	A
31	B	D	A	C	C	B	C	C	C	B	C	B	A	AC	B	B	BF	A	A	A
32	B	A	C	A	C	B	B	B	A	B	A	B	C	AD	A	B	D	A	C	A
33	B	B	C	C	A	B	B	A	C	A	C	C	A	D	A	B	BF	B	C	A
34	B	C	B	A	B	A	B	A	C	A	B	A	A	B	B	A	AE	A	B	A
35	B	C	B	B	B	B	B	C	B	B	A	A	A	B	B	B	AE	A	A	A
36	B	B	B	B	A	C	D	A	B	B	C	A	C	C	A	B	BD	A	C	A

调查问卷原始结果　调查问卷结果（经整理）

实训步骤

（1）打开调查问卷和调查结果文件。

① 在素材文件夹中找到调查问卷文件“大学生对食堂满意度调查问卷.docx”并打开。

② 在调查问卷文件中找到问卷题目，可知第14题和第17题为多选题，其余题目均为单

选题。

③ 在调查问卷文件中找到调查策划书的第 5 项，可知调查对象为男生 25 人和女生 25 人。

④ 在素材文件夹中找到调查结果文件“大学生对食堂满意度调查问卷结果.txt”并打开。

⑤ 查看调查结果文件的原始文本数据内容。该文件中，每行为一张问卷的答案，每列为一道题的答案。两题的答案之间用空格分隔，如果出现多于一个的连续空格，则说明某题被漏答，如图 3-1 所示。

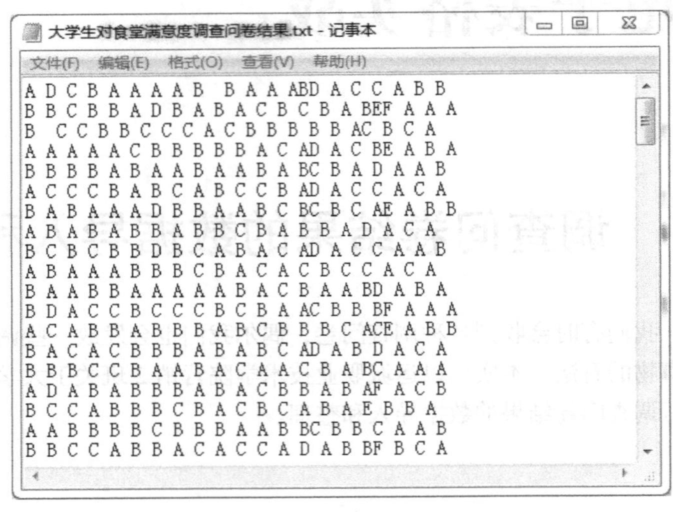

图 3-1　调查结果文件

（2）启动 Excel 2013 的新工作簿，将未经整理的调查问卷结果导入 Excel 2013 工作表。

① 启动 Excel 2013 程序，将新工作簿的“Sheet1”工作表重命名为“调查问卷原始结果”。

② 单击“数据”选项组中“获取外部数据”工具组中的“自文本”按钮，在弹出的“导入文本文件”文件框中选择调查结果文件，单击“导入”按钮，如图 3-2 所示。

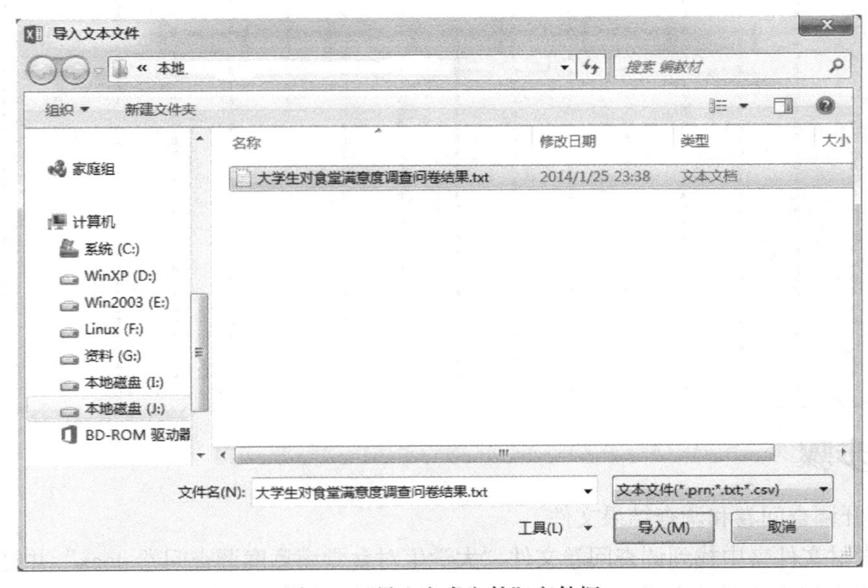

图 3-2　“导入文本文件”文件框

③ 在弹出的“文本导入向导”对话框中，将“请选择最合适的文件类型”选为“分隔符号”项，“导入起始行”选为“1”，不要勾选“数据包含标题”项，单击“下一步”按钮，如图 3-3 所示。

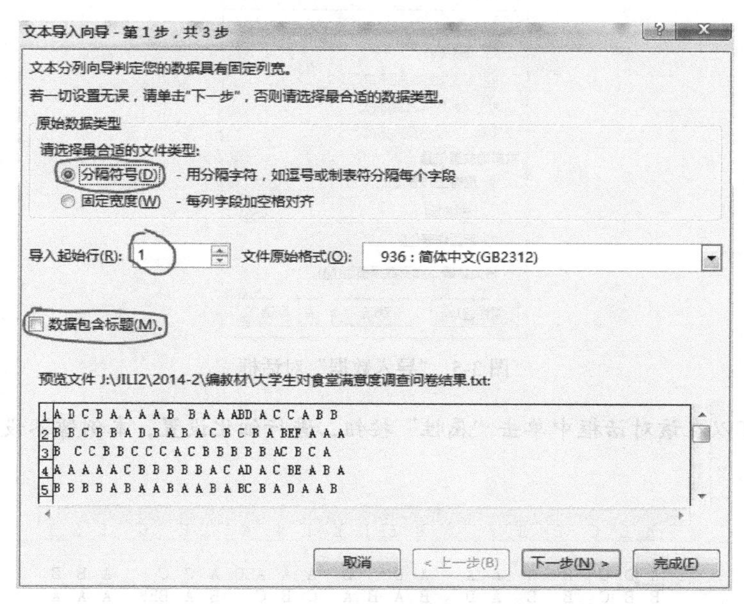

图 3-3 “文本导入向导”对话框 1

④ 在“文本导入向导”第 2 个对话框中，在“分隔符号”处只勾选“空格”（去掉其他选项的勾选），不要勾选“连续分隔符号视为单个处理”，单击“完成”按钮，如图 3-4 所示。

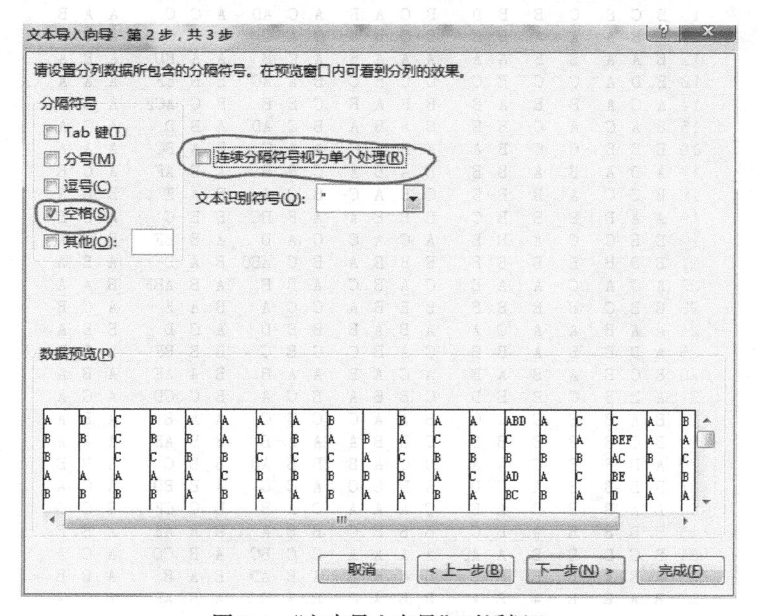

图 3-4 “文本导入向导”对话框 2

提示：可以在该对话框的“数据预览”区域观察勾选后的大致结果。也可以单击“下一步”按钮，继续设置其他选项，本例暂不设置。

⑤ 在弹出的“导入数据”对话框中，将“数据的放置位置”选为“现有工作表”的 A2 单元格，单击“确定”按钮，如图 3-5 所示。

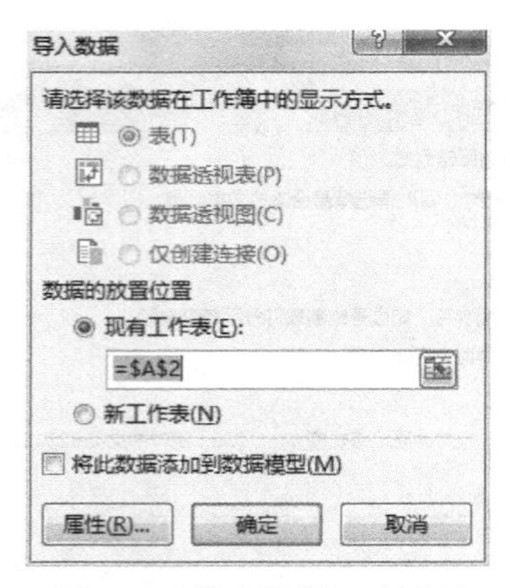

图 3-5 “导入数据”对话框

提示：可以在该对话框中单击“属性”按钮，进行细化设置，本例暂不设置。导入后的数据如图 3-6 所示。

	A	B	C	D	E	F	G	H	I	J	K	L	M	N	O	P	Q	R	S	T
1																				
2	A	D	C	B	A	A	A	A	B		B	A	A	ABD	A	C	C	A	B	B
3	B	B	C	B	B	A	D	B	A	B	A	C	B	C	B	A	BEF	A	A	A
4	B		C	C	B	B	C	C	C	A	C	B	B	B	B	B	AC	B	C	A
5	A	A	A	A	A	C	B	B	B	B	B	A	C	AD	A	C	BE	A	B	A
6	B	B	B	B	A	B	A	A	B	A	A	B	A	BC	B	A	D	A	A	B
7	A	C	C	C	B	A	B	C	A	B	C	C	B	AD	A	C	C	A	C	A
8	B	A	B	A	A	A	D	B	B	A	A	B	C	BC	B	C	AE	A	B	B
9	A	B	A	B	A	B	B	A	B	B	C	B	A	B	B	A	D	A	C	A
10	B	C	B	C	B	B	D	B	C	A	B	A	C	AD	A	C	C	A	A	B
11	A	B	A	A	A	B	B	B	C	B	A	C	A	C	B	C	C	A	C	A
12	B	A	A	B	B	A	A	A	A	A	B	A	C	B	A	A	BD	A	B	A
13	B	D	A	C	C	B	C	C	C	B	C	B	A	AC	B	B	BF	A	A	A
14	A	C	A	B	B	A	B	B	B	A	B	C	B	B	B	C	ACE	A	B	B
15	B	A	C	A	C	B	B	B	A	B	A	B	C	AD	A	B	D	A	C	A
16	B	B	B	C	C	B	A	A	B	A	C	A	A	C	B	A	BC	A	A	A
17	A	D	A	B	A	B	B	B	A	B	A	C	B	B	A	B	AF	A	C	B
18	B	C	C	A	B	B	B	C	B	A	C	B	C	A	B	A	E	B	B	A
19	A	A	B	B	B	B	C	B	B	B	A	A	B	BC	B	B	C	A	A	B
20	B	B	C	C	A	B	B	A	C	A	C	C	A	D	A	B	BF	B	C	A
21	B	D	B	B	B	B	B	B	B	B	A	B	C	ABC	B	A	D	A	B	A
22	A	C	A	C	A	A	B	C	A	B	C	A	B	B	A	B	ABF	B	A	A
23	B	B	C	B	B	B	B	B	B	B	A	C	C	A	B	A	E	A	C	B
24	A	A	B	A	A	C	A	A	B	A	B	B	B	D	A	C	D	B	B	A
25	A	D	B	B	A	B	B	C	A	B	C	C	B	C	B	B	BF	A	C	B
26	B	C	B	A	B	A	B	A	C	A	B	A	A	B	B	A	AE	A	B	A
27	A	B	B	C	B	B	D	C	B	B	A	B	C	A	B	C	CD	A	C	A
28	B	A	B	B	C	C	C	B	A	A	C	C	B	C	A	A	B	A	B	A
29	B	C	B	B	B	B	B	C	B	B	A	A	A	B	B	B	AE	A	A	A
30	A	D	B	B	C	A	A	B	C	A	B	B	B	AD	B	B	C	A	B	B
31	B	B	B	B	A	C	D	A	B	B	C	A	C	C	A	B	BD	A	C	A
32	A	A	B	B	B	A	B	C	A	A	A	C	A	B	B	C	CF	B	C	B
33	B	D	B	B	A	B	C	B	B	B	C	B	B	A	B	A	AE	A	B	B
34	B	C	B	B	B	A	AD	A	A	A	A	C	C	BC	A	B	CD	A	C	A
35	A	B	A	B	B	B	C	B	C	B	B	A	B	AD	B	A	B	A	B	B
36	B	A	B	B	A	B	A	B	B	A	C	B	A	C	A	B	AF	A	C	A

调查问卷原始结果

图 3-6 导入后的数据

⑥ 在导入的数据上方（A 行）填入题号，即 1～20 的数字，如图 3-7 所示。

	A	B	C	D	E	F	G	H	I	J	K	L	M	N	O	P	Q	R	S	T
1	1	2	3	4	5	6	7	8	9	10	11	12	13	14	15	16	17	18	19	20
2	A	D	C	B	A	A	A	A	B		B	A	A	ABD	A	C	C	A	B	B
3	B	B	C	B	B	A	D	B	A	B	A	C	B	C	B	A	BEF	A	A	A
4	B		C	C	B	B	C	C	C	A	C	B	B	B	B	B	AC	B	C	A

图 3-7　添加题号

提示：必要时，可以适当调整列宽。建议使用“开始”选项组中“单元格”工具组中的“格式”菜单中的“自动调整列宽”菜单项。

（3）剔除无效的问卷结果。

本例中，无效的问卷结果包括以下情形：一是问卷中有题目被漏选，二是问卷中有题目被错选（将单选题当成多选题作答）。现在分别对这两种情形进行筛选和剔除。

情形一：问卷中有题目被漏选。

① 查找出问卷结果中的空白单元格。在“调查问卷原始结果”工作表中，选定所有数据所在的单元格（A2～T130 单元格），单击“数据”选项组中“数据工具”工具组中的“数据验证”菜单中的“数据验证”菜单项。在弹出的“数据验证”对话框“设置”选项卡中，将“允许”列表框选为“文本长度”，不要勾选“忽略空值”，将“数据”列表框选为“大于”，在“最小值”处填入“0”，单击“确定”按钮，如图 3-8 所示。

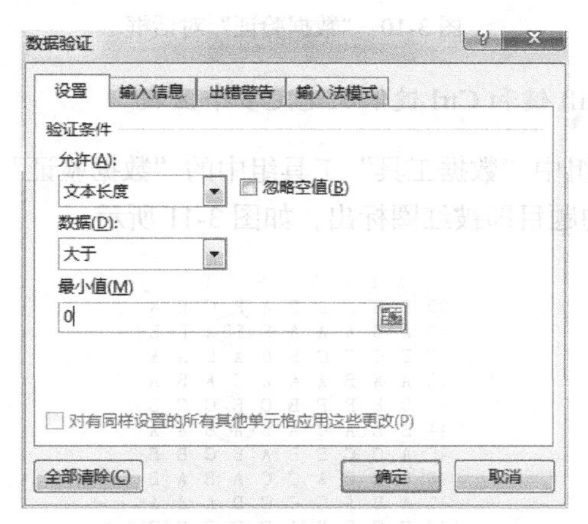

图 3-8　“数据验证”对话框

② 单击“数据”选项组中“数据工具”工具组中的“数据验证”菜单中的“圈释无效数据”菜单项，所有被漏选的题目即被红圈标出，如图 3-9 所示。

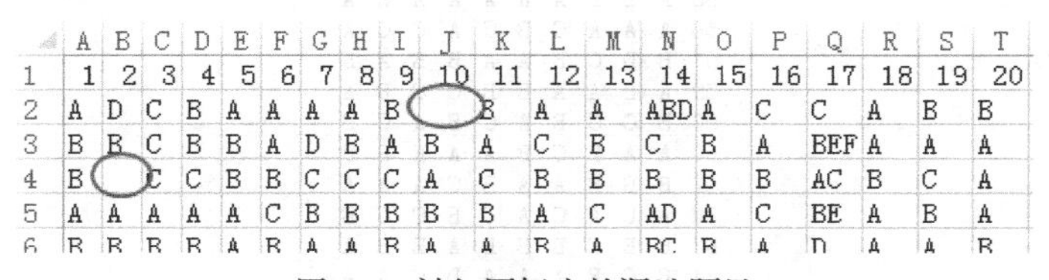

	A	B	C	D	E	F	G	H	I	J	K	L	M	N	O	P	Q	R	S	T
1	1	2	3	4	5	6	7	8	9	10	11	12	13	14	15	16	17	18	19	20
2	A	D	C	B	A	A	A	A	B		B	A	A	ABD	A	C	C	A	B	B
3	B	B	C	B	B	A	D	B	A	B	A	C	B	C	B	A	BEF	A	A	A
4	B		C	C	B	B	C	C	C	A	C	B	B	B	B	B	AC	B	C	A
5	A	A	A	A	A	C	B	B	B	B	B	A	C	AD	A	C	BE	A	B	A

图 3-9　被红圈标出的漏选题目

③ 将所有红圈标记所在的行删除（本例中为第 2 行、第 4 行和第 90 行）。

提示：可以按住 Ctrl 键依次选定要删的行，一次性整体删除。

情形二：问卷中有题目被错选（将单选题当成多选题作答）。

① 根据实训提示 1 的第 2 步可知，除了第 14 题、第 17 题外，其余题目均为单选题，所以要查找出这些题目当中被错选的问卷。在“调查问卷原始结果”工作表中，选定除了第 14 题、第 17 题外的所有数据所在的单元格（A2 至 M127 单元格、O2 至 P127 单元格、R2 至 T127 单元格），单击“数据”选项组中“数据工具”工具组中的“数据验证”菜单中的“数据验证”菜单项。在弹出的“数据验证”对话框的“设置”选项卡中，将“允许”列表框选为“文本长度”，将“数据”列表框选为“等于”，在“长度”处填入“1”，单击“确定”按钮，如图 3-10 所示。

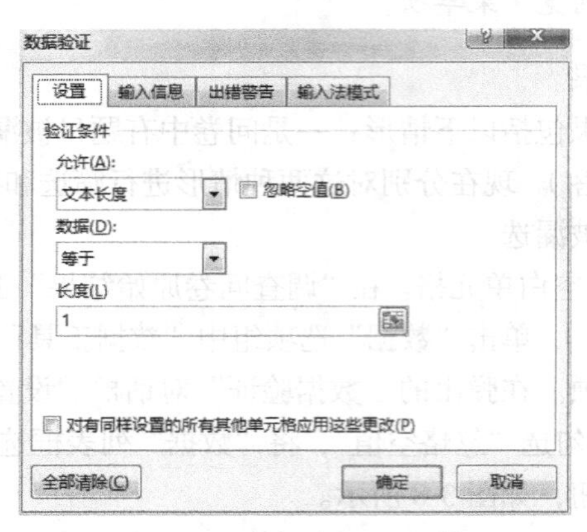

图 3-10 “数据验证”对话框

提示：可以使用 Shift 键和 Ctrl 键依次选定多个区域。

② 单击“数据”选项组中“数据工具”工具组中的“数据验证”菜单中的“圈释无效数据”菜单项，所有被错选的题目即被红圈标出，如图 3-11 所示。

	A	B	C	D	E	F	G	H	I	J
39	B	B	B	B	B	A	B	C	B	A
40	A	D	A	A	A	B	BD	A	B	B
41	B	C	C	C	B	B	A	B	A	A
42	A	A	B	A	A	A	C	A	B	A
43	B	B	B	B	B	C	B	C	C	B
44	B	B	A	C	A	B	AC	B	A	A
45	A	C	C	B	B	A	B	C	B	B
46	B	A	B	A	C	C	A	B	A	B
47	A	B	A	C	C	C	D	A	A	A
48	B	C	B	B	A	B	B	B	B	B
49	A	D	C	A	B	A	B	A	C	A
50	B	B	A	B	B	C	D	C	A	B
51	A	A	B	A	A	B	B	B	B	A
52	A	B	C	B	B	A	B	A	C	B
53	B	D	B	C	A	C	AC	C	B	A
54	B	C	A	B	B	B	B	B	A	B
55	A	B	B	A	A	A	A	A	B	A
56	A	A	A	C	B	C	A	C	C	A
57	B	D	C	B	A	A	B	B	A	B
58	A	B	A	A	B	B	C	C	B	A
59	B	C	C	B	A	C	B	A	C	B
60	A	A	B	C	B	A	A	B	B	B
61	B	B	B	A	A	B	C	A	A	A
62	A	D	A	C	A	C	B	C	C	B
63	B	B	C	B	B	B	A	B	B	A
64	B	C	B	A	A	A	D	C	A	A
65	A	A	A	C	C	C	B	B	C	B
66	B	B	B	B	B	B	B	A	A	A
67	A	D	C	A	C	C	A	C	A	A
68	B	B	AC	C	A	A	B	B	C	A
69	B	C	C	B	B	B	A	A	B	B

图 3-11 被红圈标出的错选题目

③ 将所有红圈标记所在的行删除（本例中共 8 行），剩余 118 份有效问卷结果。

（4）筛选出符合调查范围的问卷结果。

① 根据实训提示 1 的第 3 步可知，要在有效的答卷中筛选出 25 份男生问卷和 25 份女生问卷，即第 1 题选“A”和“B”的问卷各 25 份。首先将所有有效的 118 份问卷结果按照答卷人的性别（第 1 题结果）分为两部分。选定 A 列，单击“数据”选项组中“排序和筛选”工具组中的快速排序按钮 A↓Z，在弹出的“排序提醒”对话框中将“给出排序依据”选为“扩展选定区域”，单击“排序”按钮，如图 3-12 所示。

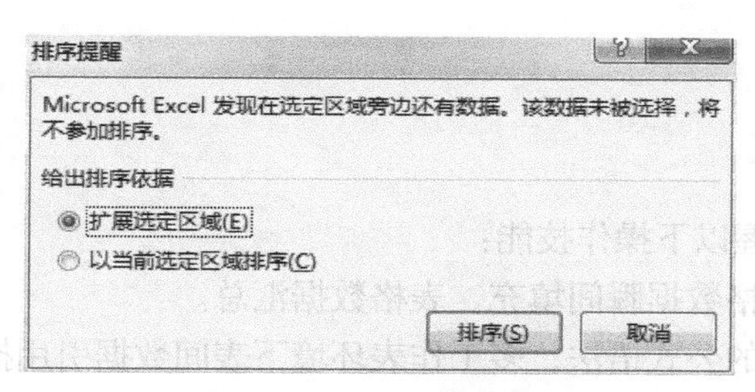

图 3-12 “排序提醒”对话框

② 在排序后的结果中，任选 A 列值为“A”和“B”的数据行各 25 行，共 50 行。

提示：为了便于控制所选的行数，可以参考 Excel 程序窗口底部的状态栏 计数: 500 提示。因为有 20 列（即每行有 20 个数据单元格），所以当状态栏的提示为“计数：500”时，选定的行数为 25 行。

③ 新建工作表，将选定的 50 行数据复制到新的工作表中，插入标题行（可自行设定格式），并将新的工作表重命名为“调查问卷结果（经整理）”，如图 3-13 所示。

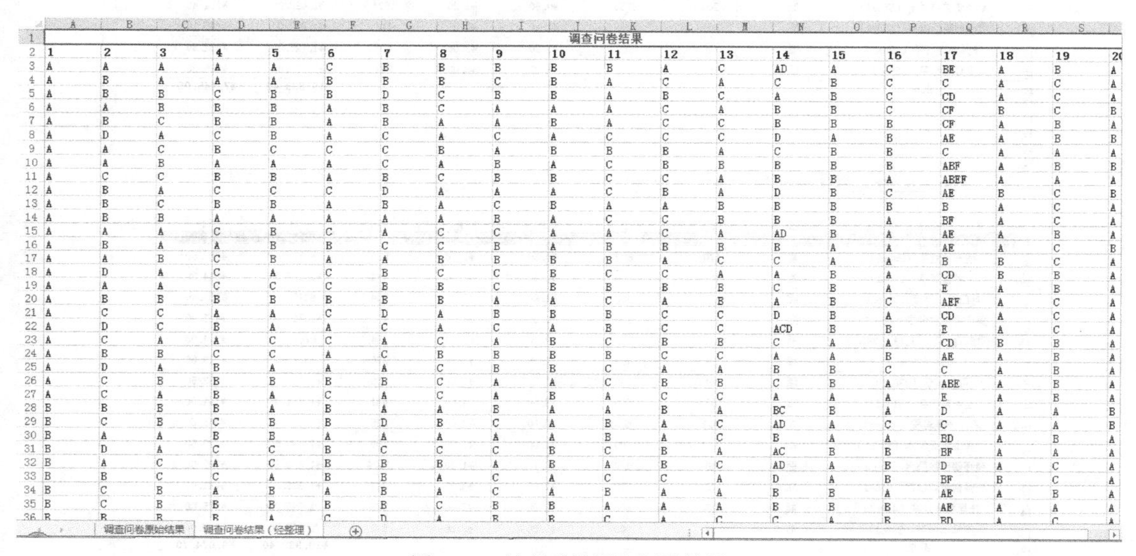

调查问卷结果

1	2	3	4	5	6	7	8	9	10	11	12	13	14	15	16	17	18	19	20
A	A	A	A	A	C	B	B	B	B	B	A	C	AD	A	C	BE	A	B	A
A	B	A	A	A	B	B	B	C	B	A	C	A	C	B	C	C	A	C	A
A	B	B	C	B	B	D	C	B	B	A	B	C	A	B	C	CD	A	C	A
A	A	B	B	B	A	B	C	A	A	A	C	A	B	B	C	CF	B	C	B
A	B	C	B	B	A	B	A	A	B	A	C	C	B	B	B	CF	A	B	A
A	D	A	C	B	A	C	A	C	A	C	C	C	D	A	B	AE	A	B	B
A	A	C	B	C	C	C	B	A	B	B	B	A	C	B	B	C	A	A	A
A	A	B	A	A	A	C	A	B	A	C	B	B	B	B	B	ABF	A	B	B
A	C	C	B	B	A	B	C	B	B	C	C	A	B	B	A	ABEF	A	A	A
A	B	A	C	C	C	D	A	A	A	C	B	A	D	B	C	AE	B	C	B
A	B	C	B	B	A	B	A	C	B	A	A	B	B	B	B	B	A	C	A
A	B	B	A	A	A	A	A	B	A	C	C	B	B	B	A	BF	A	C	A
A	A	A	C	B	C	A	C	C	A	A	C	A	AD	B	A	AE	A	B	A
A	B	A	A	B	B	C	C	B	A	B	B	B	B	A	A	AE	A	C	B
A	A	B	C	B	A	A	B	B	B	B	A	C	C	A	A	B	B	C	A
A	D	A	C	A	C	B	C	C	B	C	C	A	A	B	A	CD	B	B	A
A	A	A	C	C	C	B	B	C	B	B	B	B	C	B	A	E	A	B	A
A	B	B	B	B	B	B	B	A	A	C	A	B	A	B	C	AEF	A	C	A
A	C	C	A	A	C	D	A	B	B	B	C	C	D	B	A	CD	A	C	A
A	D	C	B	A	A	C	A	C	A	B	C	C	ACD	B	B	E	A	C	A
A	C	A	A	C	C	A	C	A	B	C	B	B	C	A	A	CD	B	B	A
A	B	B	C	C	A	C	B	B	B	B	C	C	A	A	B	AE	A	B	A
A	D	A	B	A	A	A	C	B	B	C	A	A	B	B	C	C	A	B	A
A	C	B	B	B	B	B	C	A	A	C	B	B	C	B	A	ABE	A	B	A
A	C	A	B	A	C	A	C	A	B	A	C	C	A	A	A	E	A	B	A
B	B	B	B	A	B	A	A	B	A	A	B	A	BC	B	A	D	A	A	B
B	C	B	C	B	B	D	B	C	A	B	A	C	AD	A	C	C	A	A	B
B	A	A	B	B	A	A	A	A	A	B	A	C	B	A	A	BD	A	B	A
B	D	A	C	C	B	C	C	C	B	C	B	A	AC	B	B	BF	A	A	A
B	A	C	A	C	B	B	B	A	B	A	B	C	AD	A	B	D	A	C	A
B	B	C	C	A	B	B	A	C	A	C	C	A	D	A	B	BF	B	C	A
B	C	B	A	B	A	B	A	C	A	B	A	A	B	B	A	AE	A	B	A
B	C	B	B	B	B	B	C	B	B	A	A	A	B	B	B	AE	A	A	A
B	B	B	B	A	C	D	A	B	B	C	A	C	C	A	B	BD	A	C	A

调查问卷原始结果　调查问卷结果（经整理）

图 3-13 整理后的调查问卷结果

（5）保存工作簿。

将工作簿保存为“调查问卷结果.xlsx”。

实训 2　饮料店销售统计

本实训采用 Excel 电子表格来对饮料店的 14 种饮料进行按月、按季度的销售情况记录和管理，从而更好地了解饮料店各种饮料的销售状况，及时掌握饮料店各种饮品的库存信息以安排进货。

实训目标

本实训期望学习者掌握以下操作技能：

❖　表格的创建、表格数据瞬间填充、表格数据汇总。

❖　表格间数据引用的公式语法，多工作表环境下表间数据引用操作。

❖　IF 函数及其嵌套使用。

统计结果，如图 3-14 所示。

产品名称	单位	原库存	进货量	进价	零售价	销售数量	销售额	净利润
统一冰红茶（250ml）	盒	95	600	¥0.70	¥1.50	525	¥787.50	¥420.00
王老吉凉茶（250ml）	盒	55	500	¥1.70	¥3.00	454	¥1,362.00	¥590.20
可口可乐零度（330ml）	罐	84	400	¥1.70	¥2.50	334	¥835.00	¥267.20
美汁源爽粒葡萄（450ml）	瓶	46	500	¥2.50	¥3.50	490	¥1,715.00	¥490.00
三得利乌龙茶（无糖，500ml）	瓶	66	300	¥1.90	¥3.00	254	¥762.00	¥279.40
雪碧（330ml）	罐	35	400	¥1.65	¥2.60	376	¥977.60	¥357.20
可口可乐（330ml）	罐	25	700	¥1.65	¥2.60	665	¥1,729.00	¥631.75
王老吉凉茶（310ml）	罐	9	500	¥2.90	¥4.00	441	¥1,764.00	¥485.10
美汁源果粒橙（450ml）	瓶	26	400	¥2.50	¥4.00	325	¥1,300.00	¥487.50
农夫山泉天然水（380ml）	瓶	112	800	¥0.90	¥1.50	799	¥1,198.50	¥479.40
康师傅矿物质水（550ml）	瓶	20	1550	¥0.60	¥1.20	1524	¥1,828.80	¥914.40
康师傅茉莉清茶（550ml）	瓶	63	450	¥1.90	¥3.00	441	¥1,323.00	¥485.10
康师傅冰红茶（490ml）	瓶	12	580	¥1.90	¥3.00	575	¥1,725.00	¥632.50
康师傅绿茶（550ml）	瓶	10	900	¥1.90	¥3.00	842	¥2,526.00	¥926.20
汇总							¥19,833.40	¥7,445.95

进价　1月份销售统计　2月份销售统计　3月份销售统计　一季度统计

产品名称	单位	原库存	进货量	进价	零售价	销售数量	销售额	净利润
统一冰红茶（250ml）	盒	170	600	¥0.80	¥1.50	525	¥787.50	¥367.50
王老吉凉茶（250ml）	盒	101	500	¥1.80	¥3.00	454	¥1,362.00	¥544.80
可口可乐零度（330ml）	罐	150	400	¥1.80	¥2.50	334	¥835.00	¥233.80
美汁源爽粒葡萄（450ml）	瓶	56	500	¥2.60	¥3.50	490	¥1,715.00	¥441.00
三得利乌龙茶（无糖，500ml）	瓶	112	300	¥2.00	¥3.00	254	¥762.00	¥254.00
雪碧（330ml）	罐	59	400	¥1.75	¥2.60	376	¥977.60	¥319.60
可口可乐（330ml）	罐	60	700	¥1.70	¥2.60	665	¥1,729.00	¥598.50
王老吉凉茶（310ml）	罐	68	500	¥3.00	¥4.00	441	¥1,764.00	¥441.00
美汁源果粒橙（450ml）	瓶	101	400	¥2.60	¥4.00	325	¥1,300.00	¥455.00
农夫山泉天然水（380ml）	瓶	113	800	¥1.00	¥1.50	799	¥1,198.50	¥399.50
康师傅矿物质水（550ml）	瓶	46	1550	¥0.70	¥1.20	1524	¥1,828.80	¥762.00
康师傅茉莉清茶（550ml）	瓶	72	450	¥2.00	¥3.00	441	¥1,323.00	¥441.00
康师傅冰红茶（490ml）	瓶	17	580	¥2.00	¥3.00	575	¥1,725.00	¥575.00
康师傅绿茶（550ml）	瓶	68	900	¥2.00	¥3.00	842	¥2,526.00	¥842.00
汇总							¥19,833.40	¥6,674.70

进价　1月份销售统计　2月份销售统计　3月份销售统计　一季度统计

图 3-14　统计完毕的饮料销售数据

产品名称	单位	原库存	进货量	进价	零售价	销售数量	销售额	净利润
统一冰红茶（250ml）	盒	245	600	¥0.85	¥1.50	525	¥787.50	¥341.25
王老吉凉茶（250ml）	盒	147	500	¥1.85	¥3.00	454	¥1,362.00	¥522.10
可口可乐零度（330ml）	罐	216	400	¥1.80	¥2.50	334	¥835.00	¥233.80
美汁源爽粒葡萄（450ml）	瓶	66	500	¥2.65	¥3.50	490	¥1,715.00	¥416.50
三得利乌龙茶（无糖，500ml）	瓶	158	300	¥1.95	¥3.00	254	¥762.00	¥266.70
雪碧（330ml）	罐	83	400	¥1.80	¥2.60	376	¥977.60	¥300.80
可口可乐（330ml）	罐	95	700	¥1.80	¥2.60	665	¥1,729.00	¥532.00
王老吉凉茶（310ml）	罐	127	500	¥2.95	¥4.00	441	¥1,764.00	¥463.05
美汁源果粒橙（450ml）	瓶	176	400	¥2.55	¥4.00	325	¥1,300.00	¥471.25
农夫山泉天然水（380ml）	瓶	114	800	¥0.90	¥1.50	799	¥1,198.50	¥479.40
康师傅矿物质水（550ml）	瓶	72	1550	¥0.80	¥1.20	1524	¥1,828.80	¥609.60
康师傅茉莉清茶（550ml）	瓶	81	450	¥1.90	¥3.00	441	¥1,323.00	¥485.10
康师傅冰红茶（490ml）	瓶	22	580	¥1.95	¥3.00	575	¥1,725.00	¥603.75
康师傅绿茶（550ml）	瓶	126	900	¥1.95	¥3.00	842	¥2,526.00	¥884.10
汇总							¥19,833.40	¥6,609.40

进价 | 1月份销售统计 | 2月份销售统计 | 3月份销售统计 | 一季度统计

产品名称	单位	一季度总销量	一季度总销售额	一季度总净利润	库存	进货需求
统一冰红茶（250ml）	盒	1575	¥2,362.50	¥1,128.75	320	囤积
王老吉凉茶（250ml）	盒	1362	¥4,086.00	¥1,657.10	193	正常
可口可乐零度（330ml）	罐	1002	¥2,505.00	¥734.80	282	囤积
美汁源爽粒葡萄（450ml）	瓶	1470	¥5,145.00	¥1,347.50	76	紧急
三得利乌龙茶（无糖，500ml）	瓶	762	¥2,286.00	¥800.10	204	囤积
雪碧（330ml）	罐	1128	¥2,932.80	¥977.60	107	正常
可口可乐（330ml）	罐	1995	¥5,187.00	¥1,762.25	130	紧急
王老吉凉茶（310ml）	罐	1323	¥5,292.00	¥1,389.15	186	正常
美汁源果粒橙（450ml）	瓶	975	¥3,900.00	¥1,413.75	251	囤积
农夫山泉天然水（380ml）	瓶	2397	¥3,595.50	¥1,358.30	115	紧急
康师傅矿物质水（550ml）	瓶	4572	¥5,486.40	¥2,286.00	98	紧急
康师傅茉莉清茶（550ml）	瓶	1323	¥3,969.00	¥1,411.20	90	正常
康师傅冰红茶（490ml）	瓶	1725	¥5,175.00	¥1,811.25	27	紧急
康师傅绿茶（550ml）	瓶	2526	¥7,578.00	¥2,652.30	184	正常
汇总			¥59,500.20	¥20,730.05		

进价 | 1月份销售统计 | 2月份销售统计 | 3月份销售统计 | 一季度统计

图 3-14 统计完毕的饮料销售数据（续）

实训步骤

（1）打开素材中 Excel 章节的“饮料店-初始文件.xlsx”。文件中已经录入了若干种饮料商品的单位和进价等初始数据。

（2）编辑“进价”工作表，创建表格。

① 选择 A1 单元格，在“插入”选项卡中单击最左侧表格选项组的“表格”，弹出“创建表”对话框。

② 在“创建表”对话框中，确认“表数据的来源”输入框的内容为“=$A$1:$N$15”，勾选“包含表标题”选项，如图 3-15 所示。

提示：如果数据来源范围有误，单击输入框右侧的“压缩对话框”按钮，重新选择数据区域 A1 至 G15。

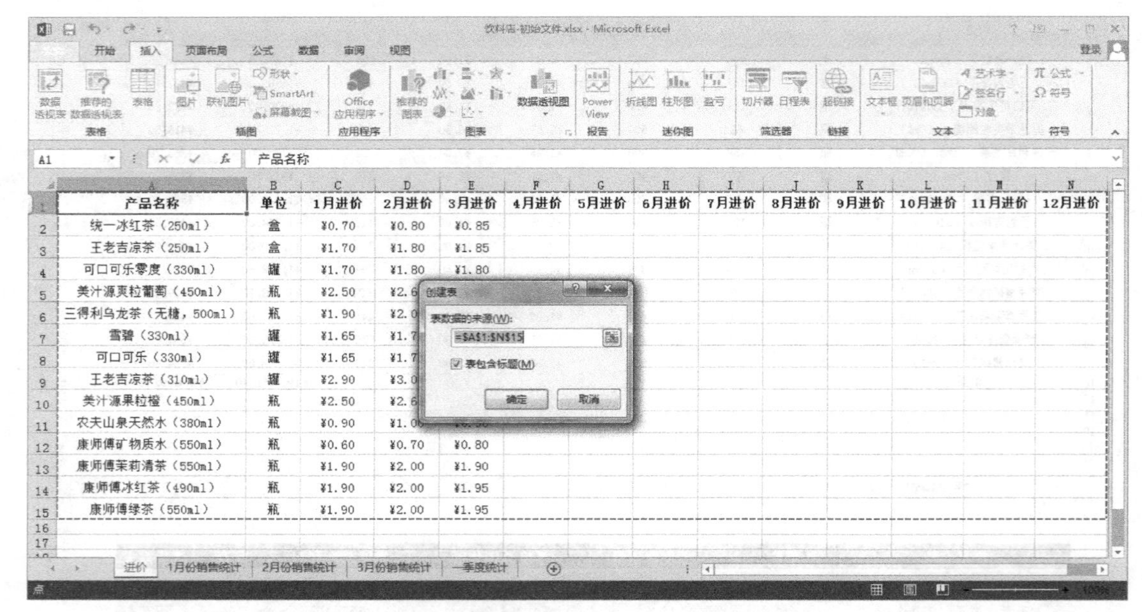

产品名称	单位	1月进价	2月进价	3月进价	4月进价	5月进价	6月进价	7月进价	8月进价	9月进价	10月进价	11月进价	12月进价
统一冰红茶（250ml）	盒	¥0.70	¥0.80	¥0.85									
王老吉凉茶（250ml）	盒	¥1.70	¥1.80	¥1.85									
可口可乐零度（330ml）	罐	¥1.70	¥1.80	¥1.80									
美汁源爽粒葡萄（450ml）	瓶	¥2.50	¥2.6	[illegible]									
三得利乌龙茶（无糖，500ml）	瓶	¥1.90	¥2.0	[illegible]									
雪碧（330ml）	罐	¥1.65	¥1.7	[illegible]									
可口可乐（330ml）	罐	¥1.65	¥1.7	[illegible]									
王老吉凉茶（310ml）	罐	¥2.90	¥3.0	[illegible]									
美汁源果粒橙（450ml）	瓶	¥2.50	¥2.6	[illegible]									
农夫山泉天然水（380ml）	瓶	¥0.90	¥1.0	[illegible]									
康师傅矿物质水（550ml）	瓶	¥0.60	¥0.70	¥0.80									
康师傅茉莉清茶（550ml）	瓶	¥1.90	¥2.00	¥1.90									
康师傅冰红茶（490ml）	瓶	¥1.90	¥2.00	¥1.95									
康师傅绿茶（550ml）	瓶	¥1.90	¥2.00	¥1.95									

图 3-15　插入表格，选择 A1 至 G15 作为表格数据来源

③ 单击“确定”按钮后，Excel 2013 会赋予表格默认样式，“表样式中等深浅 2”。在“设计”选项卡中，将刚创建的表格命名为“进价工作表”，效果如图 3-16 所示。

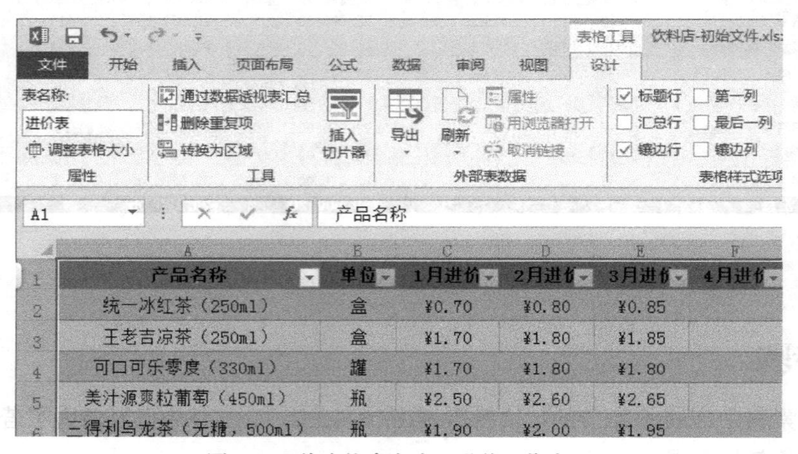

产品名称	单位	1月进价	2月进价	3月进价	4月进价
统一冰红茶（250ml）	盒	¥0.70	¥0.80	¥0.85	
王老吉凉茶（250ml）	盒	¥1.70	¥1.80	¥1.85	
可口可乐零度（330ml）	罐	¥1.70	¥1.80	¥1.80	
美汁源爽粒葡萄（450ml）	瓶	¥2.50	¥2.60	¥2.65	
三得利乌龙茶（无糖，500ml）	瓶	¥1.90	¥2.00	¥1.95	

图 3-16　将表格命名为“进价工作表”

（3）编辑“1 月份销售统计”、“2 月份销售统计”、“3 月份销售统计”和“一季度统计”工作表，创建表格并命名。

① 用同样的方法，将“1 月份销售统计”工作表的 A1 至 I15 区域创建为表格，命名为“1 月份销售统计”。

② 将“2 月份销售统计”工作表的 A1 至 I15 区域创建为表格，命名为“2 月份销售统计”。

③ 将“3 月份销售统计”工作表的 A1 至 I15 区域创建为表格，命名为“3 月份销售统计”。

④ 将“一季度统计”工作表的 A1 至 G15 区域，创建为表格，命名为“一季度汇总”。

（4）为了从视觉上更好地区分各月销售表，我们为上述 4 个表格，分别设定不同的表格样式。单击表格区域中的任一单元格，在“设计”选项卡中的“表格样式”选项组中选择想要应用到表格的样式。这里，我们对上述 4 个表格依次应用了样式“表样式中等深浅 3”、“表样式中等深浅 4”、“表样式中等深浅 5”、“表样式中等深浅 6”。效果如图 3-17 所示。

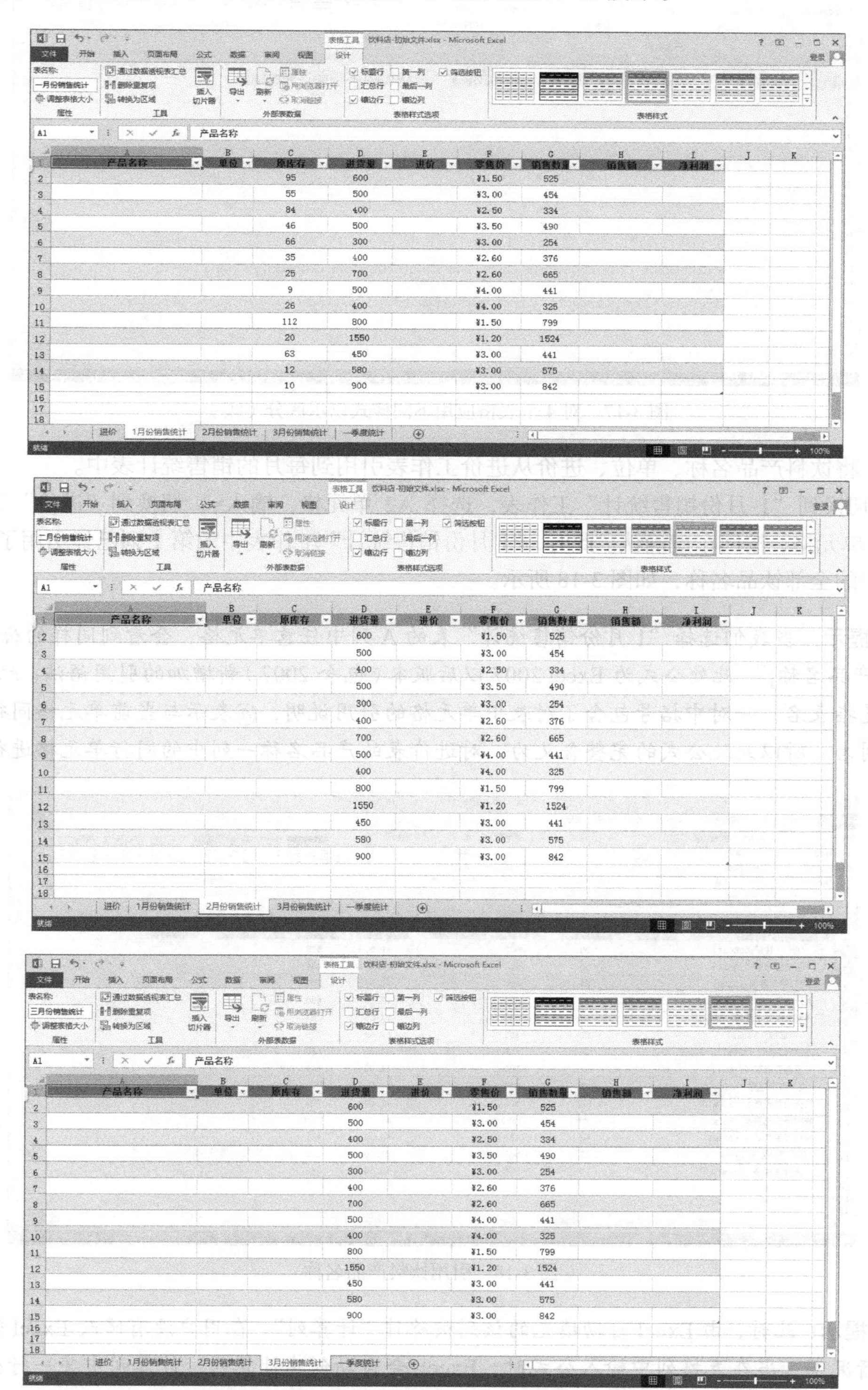

图 3-17　对 4 个表格应用不同样式以示区分

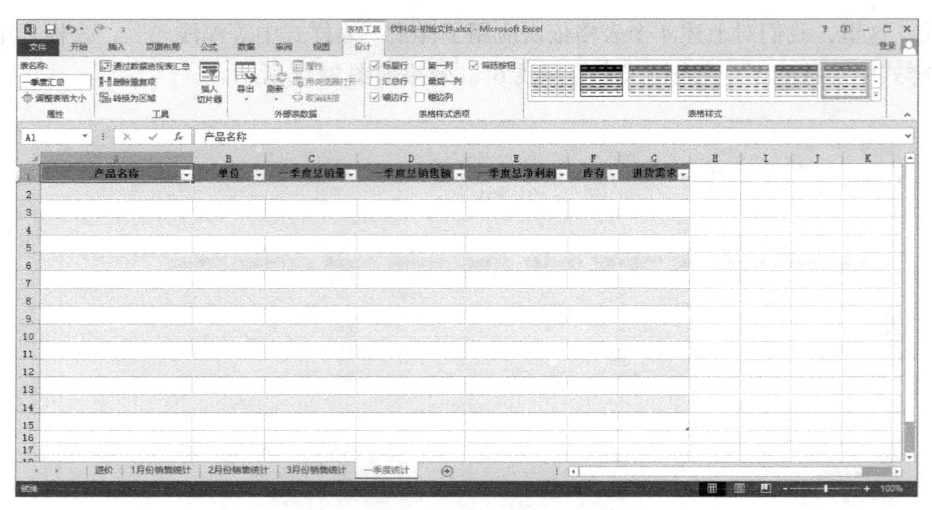

图 3-17　对 4 个表格应用不同样式以示区分（续）

（5）将饮料产品名称、单位、进价从进价工作表引用到每月的销售统计表中。

① 切换到“1 月份销售统计”工作表，选择 A2 单元格，输入=，切换到“进价”工作表，单击 A2 单元格，按回车键确认。此时，“1 月份销售统计”工作表中的第 1 列已经引用了“进价”工作表中的全部饮品名称，如图 3-18 所示。

提示：当我们选择“1 月份销售统计”表的 A 列中任意单元格，会看到同样的公式“**=进价表[@产品名称]**”，此处公式为 Excel 2007 以后版本（包含 2007）新增加的引用语法。此公式中，进价表是指表名，一对中括号包含了对表中单元格的引用说明，@表示与当前单元格同行，产品名称指列名。所以此处公式的完整含义为，对进价表的产品名称一列中的同行单元格进行引用。

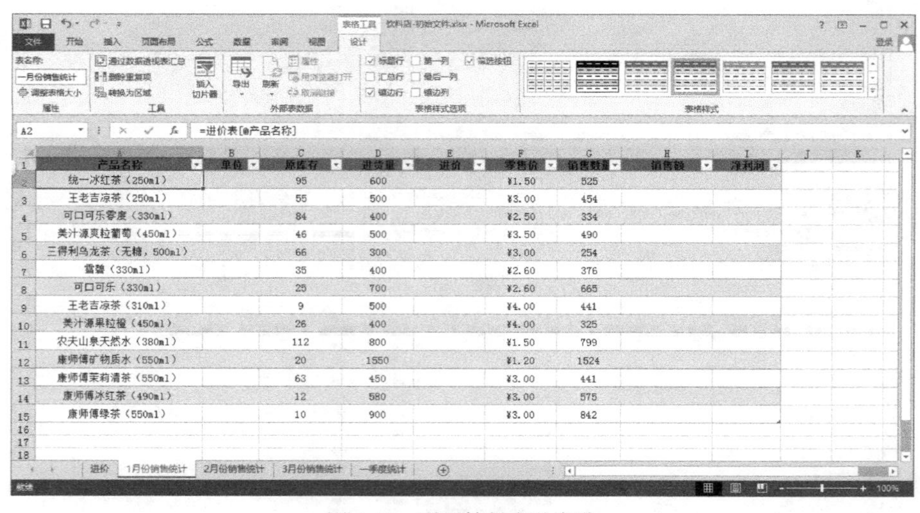

图 3-18　引用饮料产品名称

提示：此时，由 Excel 自动填充的该列被称作“计算列”。在用户没有修改 Excel 软件的配置选项情况下，当在表格列中输入公式时，Excel 会自动创建计算列。计算列中某一行公式被修改后，修改会同时应用到该列所有其他行。可以在计算列中输入其他公式作为例外情况。如果不想在表格中自动填充公式以创建计算列，则可以依次点选“文件”-“选项”-“高级”，在弹出的“Excel 选项”对话框中，选择左侧“高级”，在右侧“编辑选项”栏中，取消勾选“扩展数据区域格式及公式”，关闭此表格选项。

② 在“1 月份销售统计”工作表中选择 B2 单元格，输入=，切换到“进价”工作表，单击 B2 单元格，按回车确认。此时，“1 月份销售统计”工作表中的第 2 列已经引用了“进价”表中的单位。

③ 用同样的方法，将“进价”工作表中的 1 月份进价数据，引用到“1 月份销售统计”表中的“进价”列。效果如图 3-19 所示。

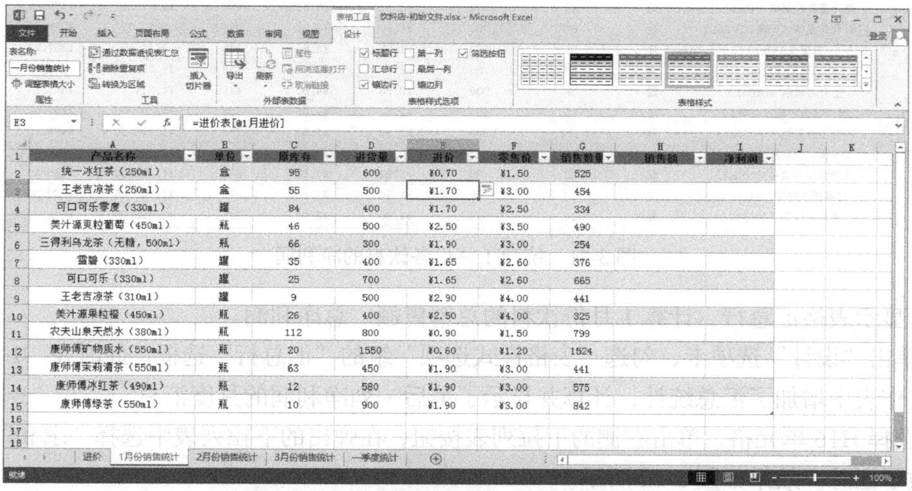

E3 =进价表[@1月进价]

产品名称	单位	原库存	进货量	进价	零售价	销售数量	销售额	净利润
统一冰红茶（250ml）	盒	95	600	¥0.70	¥1.50	525		
王老吉凉茶（250ml）	盒	55	500	¥1.70	¥3.00	454		
可口可乐零度（330ml）	罐	84	400	¥1.70	¥2.50	334		
美汁源爽粒葡萄（450ml）	瓶	46	500	¥2.50	¥3.50	490		
三得利乌龙茶（无糖，500ml）	瓶	66	300	¥1.90	¥3.00	254		
雪碧（330ml）	罐	35	400	¥1.65	¥2.60	376		
可口可乐（330ml）	罐	25	700	¥1.65	¥2.60	665		
王老吉凉茶（310ml）	罐	9	500	¥2.90	¥4.00	441		
美汁源果粒橙（450ml）	瓶	26	400	¥2.50	¥4.00	325		
农夫山泉天然水（380ml）	瓶	112	800	¥0.90	¥1.50	799		
康师傅矿物质水（550ml）	瓶	20	1550	¥0.60	¥1.20	1524		
康师傅茉莉清茶（550ml）	瓶	63	450	¥1.90	¥3.00	441		
康师傅冰红茶（490ml）	瓶	12	580	¥1.90	¥3.00	575		
康师傅绿茶（550ml）	瓶	10	900	¥1.90	¥3.00	842		

图 3-19　单位和进价都引用自“进价表”

（6）计算 1 月份各种饮料的销售额。单击 H2 单元格，即“销售额”列的第 1 行，输入=，选择 F2 单元格，注意公式编辑栏的变化，在现有内容后输入乘号*，再选择 G2 单元格（此时公式编辑栏的完整公式应为**=[@零售价]*[@销售数量]**），回车确认。此时“销售额”列计算出 1 月份各种饮品的总销售额。效果如图 3-20 所示。

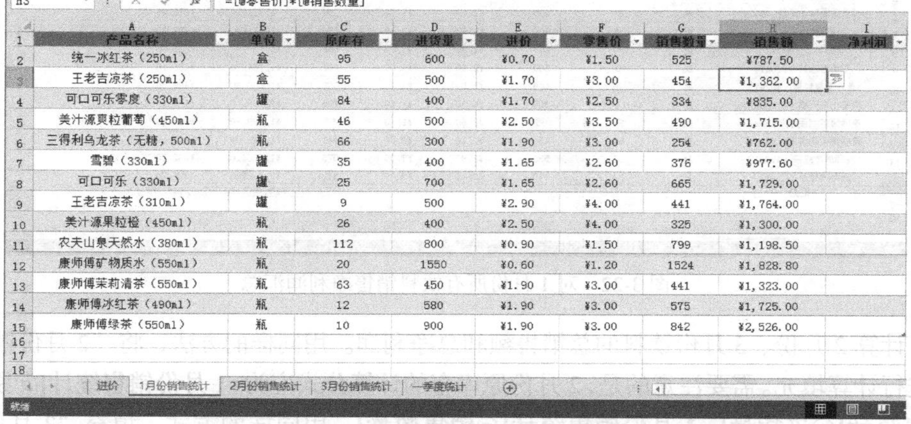

H3 =[@零售价]*[@销售数量]

产品名称	单位	原库存	进货量	进价	零售价	销售数量	销售额	净利润
统一冰红茶（250ml）	盒	95	600	¥0.70	¥1.50	525	¥787.50	
王老吉凉茶（250ml）	盒	55	500	¥1.70	¥3.00	454	¥1,362.00	
可口可乐零度（330ml）	罐	84	400	¥1.70	¥2.50	334	¥835.00	
美汁源爽粒葡萄（450ml）	瓶	46	500	¥2.50	¥3.50	490	¥1,715.00	
三得利乌龙茶（无糖，500ml）	瓶	66	300	¥1.90	¥3.00	254	¥762.00	
雪碧（330ml）	罐	35	400	¥1.65	¥2.60	376	¥977.60	
可口可乐（330ml）	罐	25	700	¥1.65	¥2.60	665	¥1,729.00	
王老吉凉茶（310ml）	罐	9	500	¥2.90	¥4.00	441	¥1,764.00	
美汁源果粒橙（450ml）	瓶	26	400	¥2.50	¥4.00	325	¥1,300.00	
农夫山泉天然水（380ml）	瓶	112	800	¥0.90	¥1.50	799	¥1,198.50	
康师傅矿物质水（550ml）	瓶	20	1550	¥0.60	¥1.20	1524	¥1,828.80	
康师傅茉莉清茶（550ml）	瓶	63	450	¥1.90	¥3.00	441	¥1,323.00	
康师傅冰红茶（490ml）	瓶	12	580	¥1.90	¥3.00	575	¥1,725.00	
康师傅绿茶（550ml）	瓶	10	900	¥1.90	¥3.00	842	¥2,526.00	

图 3-20　统计 1 月份各饮料的销售额

（7）计算净利润。净利润 =（零售额 – 进价）*销售数量。选择“净利润”列的第一个数据单元格 I2，输入=，在公式编辑栏继续输入英文左括号（，选择 F2 单元格，在公式编辑栏继续输入–，选择 E2，继续在公式编辑栏输入英文右括号）和乘号*，再选择 G2 单元格（此时公式编辑栏的公式应为**=([@零售价]–[@进价])*[@销售数量]**），回车确认。此时在“1 月份销售统计”工作表中的“净利润”列便填充了净利润的计算结果。效果如图 3-21 所示。

I3 =([@零售价]-[@进价])*[@销售数量]

	产品名称	单位	原库存	进货量	进价	零售价	销售数量	销售额	净利润
2	统一冰红茶（250ml）	盒	95	600	¥0.70	¥1.50	525	¥787.50	¥420.00
3	王老吉凉茶（250ml）	盒	55	500	¥1.70	¥3.00	454	¥1,362.00	¥590.20
4	可口可乐零度（330ml）	罐	84	400	¥1.70	¥2.50	334	¥835.00	¥267.20
5	美汁源爽粒葡萄（450ml）	瓶	46	500	¥2.50	¥3.50	490	¥1,715.00	¥490.00
6	三得利乌龙茶（无糖，500ml）	瓶	66	300	¥1.90	¥3.00	254	¥762.00	¥279.40
7	雪碧（330ml）	罐	35	400	¥1.65	¥2.60	376	¥977.60	¥357.20
8	可口可乐（330ml）	罐	25	700	¥1.65	¥2.60	665	¥1,729.00	¥631.75
9	王老吉凉茶（310ml）	罐	9	500	¥2.90	¥4.00	441	¥1,764.00	¥485.10
10	美汁源果粒橙（450ml）	瓶	26	400	¥2.50	¥4.00	325	¥1,300.00	¥487.50
11	农夫山泉天然水（380ml）	瓶	112	800	¥0.90	¥1.50	799	¥1,198.50	¥479.40
12	康师傅矿物质水（550ml）	瓶	20	1550	¥0.60	¥1.20	1524	¥1,828.80	¥914.40
13	康师傅茉莉清茶（550ml）	瓶	63	450	¥1.90	¥3.00	441	¥1,323.00	¥485.10
14	康师傅冰红茶（490ml）	瓶	12	580	¥1.90	¥3.00	575	¥1,725.00	¥632.50
15	康师傅绿茶（550ml）	瓶	10	900	¥1.90	¥3.00	842	¥2,526.00	¥926.20

图 3-21　统计 1 月份各饮料的净利润

（8）显示表格汇总行，计算 1 月份饮料的总销售额、总净利润。

① 单击“设计”选项卡，勾选“表格样式选项”组的“汇总行”选框。此时在“1 月份销售统计”工作表中增加了汇总统计，计算并显示了最后一列净利润的月度汇总。

② 选择 H16 单元格，单击右侧的下拉列表按钮，在弹出的下拉列表中选择“求和”，则对销售总额做了汇总。效果如图 3-22 所示。

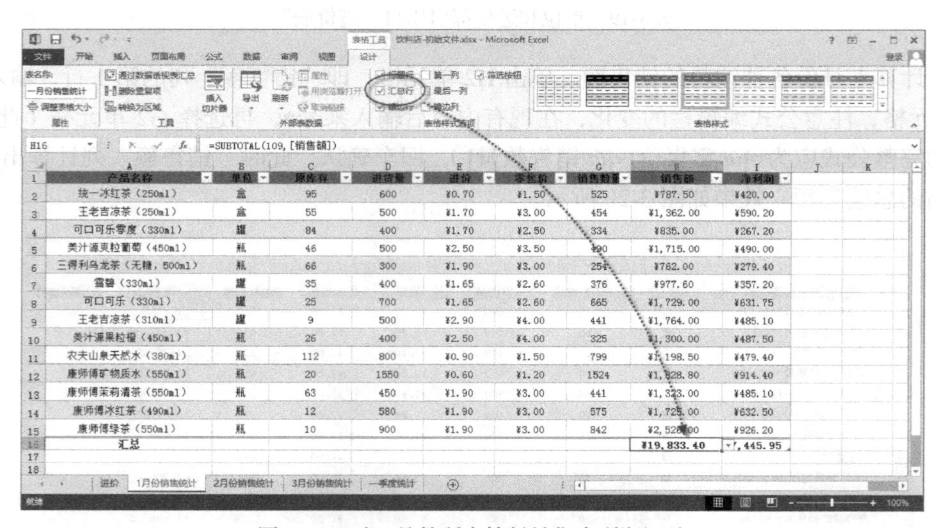

H16 =SUBTOTAL(109,[销售额])

	产品名称	单位	原库存	进货量	进价	零售价	销售数量	销售额	净利润
2	统一冰红茶（250ml）	盒	95	600	¥0.70	¥1.50	525	¥787.50	¥420.00
3	王老吉凉茶（250ml）	盒	55	500	¥1.70	¥3.00	454	¥1,362.00	¥590.20
4	可口可乐零度（330ml）	罐	84	400	¥1.70	¥2.50	334	¥835.00	¥267.20
5	美汁源爽粒葡萄（450ml）	瓶	46	500	¥2.50	¥3.50	490	¥1,715.00	¥490.00
6	三得利乌龙茶（无糖，500ml）	瓶	66	300	¥1.90	¥3.00	254	¥762.00	¥279.40
7	雪碧（330ml）	罐	35	400	¥1.65	¥2.60	376	¥977.60	¥357.20
8	可口可乐（330ml）	罐	25	700	¥1.65	¥2.60	665	¥1,729.00	¥631.75
9	王老吉凉茶（310ml）	罐	9	500	¥2.90	¥4.00	441	¥1,764.00	¥485.10
10	美汁源果粒橙（450ml）	瓶	26	400	¥2.50	¥4.00	325	¥1,300.00	¥487.50
11	农夫山泉天然水（380ml）	瓶	112	800	¥0.90	¥1.50	799	¥1,198.50	¥479.40
12	康师傅矿物质水（550ml）	瓶	20	1550	¥0.60	¥1.20	1524	¥1,828.80	¥914.40
13	康师傅茉莉清茶（550ml）	瓶	63	450	¥1.90	¥3.00	441	¥1,323.00	¥485.10
14	康师傅冰红茶（490ml）	瓶	12	580	¥1.90	¥3.00	575	¥1,725.00	¥632.50
15	康师傅绿茶（550ml）	瓶	10	900	¥1.90	¥3.00	842	¥2,526.00	¥926.20
16	汇总							¥19,833.40	¥7,445.95

图 3-22　对 1 月份所有饮料销售净利润汇总

（9）计算 2 月份、3 月份饮料的总销售额和总净利润。用同样的方法，将“2 月份销售统计”工作表进行计算填充。需要注意的是，2 月份原库存的计算公式应为**=1 月份销售统计[@原库存]+1 月份销售统计[@进货量] –1 月份销售统计[@销售数量]**。用同样的方式，填充“3 月份销售统计”工作表。效果如图 3-23 所示。

=SUBTOTAL(109,[销售额])

产品名称	单位	原库存	进货量	进价	零售价	销售数量	销售额	净利润
统一冰红茶（250ml）	盒	170	600	¥0.80	¥1.50	525	¥787.50	¥367.50
王老吉凉茶（250ml）	盒	101	500	¥1.80	¥3.00	454	¥1,362.00	¥544.80
可口可乐零度（330ml）	罐	150	400	¥1.80	¥2.50	334	¥835.00	¥233.80
美汁源爽粒葡萄（450ml）	瓶	56	500	¥2.60	¥3.50	490	¥1,715.00	¥441.00
三得利乌龙茶（无糖，500ml）	瓶	112	300	¥2.00	¥3.00	254	¥762.00	¥254.00
雪碧（330ml）	罐	59	400	¥1.75	¥2.60	376	¥977.60	¥319.60
可口可乐（330ml）	罐	60	700	¥1.70	¥2.60	665	¥1,729.00	¥598.50
王老吉凉茶（310ml）	罐	68	500	¥3.00	¥4.00	441	¥1,764.00	¥441.00
美汁源果粒橙（450ml）	瓶	101	400	¥2.60	¥4.00	325	¥1,300.00	¥455.00
农夫山泉天然水（380ml）	瓶	113	800	¥1.00	¥1.50	799	¥1,198.50	¥399.50
康师傅矿物质水（550ml）	瓶	46	1550	¥0.70	¥1.20	1524	¥1,828.80	¥762.00
康师傅茉莉清茶（550ml）	瓶	72	450	¥2.00	¥3.00	441	¥1,323.00	¥441.00
康师傅冰红茶（490ml）	瓶	17	580	¥2.00	¥3.00	575	¥1,725.00	¥575.00
康师傅绿茶（550ml）	瓶	68	900	¥2.00	¥3.00	842	¥2,526.00	¥842.00
汇总							¥19,833.40	6,674.70

进价 | 1月份销售统计 | 2月份销售统计 | 3月份销售统计 | 一季度统计

=SUBTOTAL(109,[销售额])

产品名称	单位	原库存	进货量	进价	零售价	销售数量	销售额	净利润
统一冰红茶（250ml）	盒	245	600	¥0.85	¥1.50	525	¥787.50	¥341.25
王老吉凉茶（250ml）	盒	147	500	¥1.85	¥3.00	454	¥1,362.00	¥522.10
可口可乐零度（330ml）	罐	216	400	¥1.80	¥2.50	334	¥835.00	¥233.80
美汁源爽粒葡萄（450ml）	瓶	66	500	¥2.65	¥3.50	490	¥1,715.00	¥416.50
三得利乌龙茶（无糖，500ml）	瓶	158	300	¥1.95	¥3.00	254	¥762.00	¥266.70
雪碧（330ml）	罐	83	400	¥1.80	¥2.60	376	¥977.60	¥300.80
可口可乐（330ml）	罐	95	700	¥1.80	¥2.60	665	¥1,729.00	¥532.00
王老吉凉茶（310ml）	罐	127	500	¥2.95	¥4.00	441	¥1,764.00	¥463.05
美汁源果粒橙（450ml）	瓶	176	400	¥2.55	¥4.00	325	¥1,300.00	¥471.25
农夫山泉天然水（380ml）	瓶	114	800	¥0.90	¥1.50	799	¥1,198.50	¥479.40
康师傅矿物质水（550ml）	瓶	72	1550	¥0.80	¥1.20	1524	¥1,828.80	¥609.60
康师傅茉莉清茶（550ml）	瓶	81	450	¥1.90	¥3.00	441	¥1,323.00	¥485.10
康师傅冰红茶（490ml）	瓶	22	580	¥1.95	¥3.00	575	¥1,725.00	¥603.75
康师傅绿茶（550ml）	瓶	126	900	¥1.95	¥3.00	842	¥2,526.00	¥884.10
汇总							¥19,833.40	6,609.40

进价 | 1月份销售统计 | 2月份销售统计 | 3月份销售统计 | 一季度统计

图 3-23　统计 2 月份、3 月份销售情况

（10）统计计算一季度各饮料产品的总销量、总销售额、总净利润和库存量，并根据库存量分析判断进货需求。

① 用前述方式，将“一季度统计”工作表中的“商品名称”、“单位”设置为引用“进价”工作表中的相应数据。

② 第 3 列“一季度总销量”的统计方式为：单击“一季度统计”工作表中的 C2 单元格，输入=，切换到“1 月份销售统计”工作表，选择 G2 单元格，在编辑栏继续输入+，切换到“2 月份销售统计”工作表，选择 G2 单元格，在编辑栏继续输入+，切换到“3 月份销售统计”工作表，选择 G2 单元格（此时公式编辑栏的完整公式应为**=1 月份销售统计[@销售数量]+2 月份销售统计[@销售数量]+3 月份销售统计[@销售数量]**），回车确认。效果如图 3-24 所示。

切片器　取消链接　外部表数据　☑ 镶边行　☐ 镶边列　表格样式选项

=1月份销售统计[@销售数量]+2月份销售统计[@销售数量]+3月份销售统计[@销售数量]

单位	一季度总销量	一季度总销售额	一季度总净利润	库存
盒	1575			
盒	1362			

图 3-24　统计 2 月份、3 月份销售情况

③ 用同样方式，在“一季度统计”工作表中统计各种饮品一季度的总销售额（完整公式应为=1 月份销售统计[@销售额]+2 月份销售统计[@销售额]+3 月份销售统计[@销售额]）和总净利润（完

整公式应为=1 月份销售统计[@净利润]+2 月份销售统计[@净利润]+3 月份销售统计[@净利润]）。

④ 一季度的剩余库存统计步骤为：选择“一季度统计”工作表的 F2 单元格，输入=，切换“3 月份销售统计”工作表，选择 C2 单元格，在公式编辑栏继续输入+，接着选择 D2 单元格，在公式编辑栏输入–，选择 G2 单元格（完整公式应为**=3 月份销售统计[@原库存]+3 月份销售统计[@进货量] –3 月份销售统计[@销售数量]**），回车确认。结果如图 3-25 所示。

F3 = 3月份销售统计[@原库存]+ 3月份销售统计[@进货量]- 3月份销售统计[@销售数量]

产品名称	单位	一季度总销量	一季度总销售额	一季度总净利润	库存	进货需求
统一冰红茶（250ml）	盒	1575	¥2,362.50	¥1,128.75	320	
王老吉凉茶（250ml）	盒	1362	¥4,086.00	¥1,657.10	193	
可口可乐零度（330ml）	罐	1002	¥2,505.00	¥734.80	282	
美汁源爽粒葡萄（450ml）	瓶	1470	¥5,145.00	¥1,347.50	76	
三得利乌龙茶（无糖，500ml）	瓶	762	¥2,286.00	¥800.10	204	
雪碧（330ml）	罐	1128	¥2,932.80	¥977.60	107	
可口可乐（330ml）	罐	1995	¥5,187.00	¥1,762.25	130	
王老吉凉茶（310ml）	罐	1323	¥5,292.00	¥1,389.15	186	
美汁源果粒橙（450ml）	瓶	975	¥3,900.00	¥1,413.75	251	
农夫山泉天然水（380ml）	瓶	2397	¥3,595.50	¥1,358.30	115	
康师傅矿物质水（550ml）	瓶	4572	¥5,486.40	¥2,286.00	98	
康师傅茉莉清茶（550ml）	瓶	1323	¥3,969.00	¥1,411.20	90	
康师傅冰红茶（490ml）	瓶	1725	¥5,175.00	¥1,811.25	27	
康师傅绿茶（550ml）	瓶	2526	¥7,578.00	¥2,652.30	184	

进价 | 1月份销售统计 | 2月份销售统计 | 3月份销售统计 | 一季度统计

图 3-25　统计一季度各饮料品种剩余库存

（11）接下来，我们整理“一季度统计”工作表中关于当前各种饮品需要补货的紧急程度数据。

① 我们设定，如某种饮料当前库存数量小于上月该饮料总销售量的 20%，则认为紧急，如果存货数量超过上月总销售量的 50%，则认为囤积，否则属于正常。

② 选择“一季度统计”工作表的 G2 单元格，输入=，在公式编辑栏继续书写 **IF(**，然后选择 F2 单元格，继续在公式编辑栏输入**<20%***，接着切换到“3 月份销售统计”工作表，选择 G2 单元格，继续在公式编辑栏输入**,"紧急",IF(**，接着选择“一季度统计”工作表的 F2 单元格，继续在公式编辑栏输入**>50%***，然后切换到“3 月份销售统计”工作表，选择 G2 单元格，继续在公式编辑栏输入**,"囤积","正常"))**，确认回车（完整公式应为**=IF([@库存]<20%*3 月份销售统计[@销售数量],"紧急",IF([@库存]>50%*3 月份销售统计[@销售数量],"囤积","正常"))**），效果如图 3-26 所示。

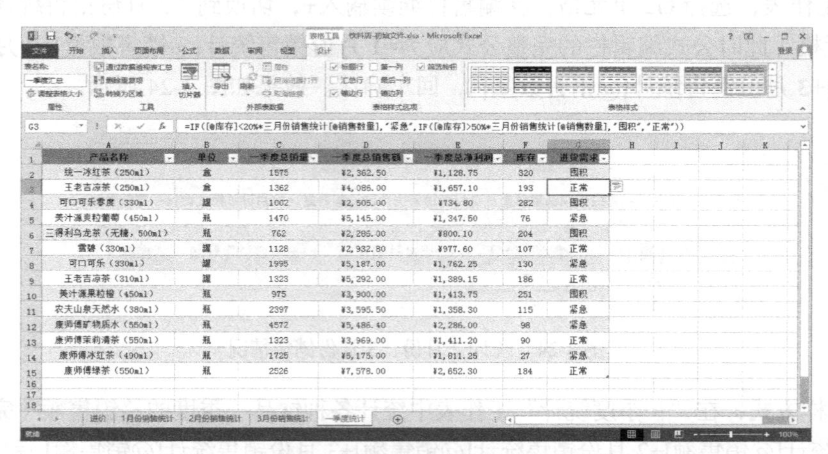

G3 =IF([@库存]<20%*三月份销售统计[@销售数量],"紧急",IF([@库存]>50%*三月份销售统计[@销售数量],"囤积","正常"))

产品名称	单位	一季度总销量	一季度总销售额	一季度总净利润	库存	进货需求
统一冰红茶（250ml）	盒	1575	¥2,362.50	¥1,128.75	320	囤积
王老吉凉茶（250ml）	盒	1362	¥4,086.00	¥1,657.10	193	正常
可口可乐零度（330ml）	罐	1002	¥2,505.00	¥734.80	282	囤积
美汁源爽粒葡萄（450ml）	瓶	1470	¥5,145.00	¥1,347.50	76	紧急
三得利乌龙茶（无糖，500ml）	瓶	762	¥2,286.00	¥800.10	204	囤积
雪碧（330ml）	罐	1128	¥2,932.80	¥977.60	107	正常
可口可乐（330ml）	罐	1995	¥5,187.00	¥1,762.25	130	紧急
王老吉凉茶（310ml）	罐	1323	¥5,292.00	¥1,389.15	186	正常
美汁源果粒橙（450ml）	瓶	975	¥3,900.00	¥1,413.75	251	囤积
农夫山泉天然水（380ml）	瓶	2397	¥3,595.50	¥1,358.30	115	紧急
康师傅矿物质水（550ml）	瓶	4572	¥5,486.40	¥2,286.00	98	紧急
康师傅茉莉清茶（550ml）	瓶	1323	¥3,969.00	¥1,411.20	90	正常
康师傅冰红茶（490ml）	瓶	1725	¥5,175.00	¥1,811.25	27	紧急
康师傅绿茶（550ml）	瓶	2526	¥7,578.00	¥2,652.30	184	正常

图 3-26　根据一季度各饮料库存情况判断进货需求

提示：此处 IF 函数中嵌套了一层 IF 函数，即内部的 IF 函数的结果，作为外部 IF 函数的一部分。其逻辑关系为，首先外层 IF 函数根据库存量分析判断进货需求，是否紧急。如果库存数量小于上月该饮料总销售量的 20%，则显示紧急；否则，再在作为外层 IF 函数的第 3 个参数处的内部 IF 函数继续根据库存量分析判断，产品是否囤积。如果存货数量超过上月总销售量的 50%，则显示囤积，否则显示库存量正常。

提示：需要注意的是，公式中的运算符号和逗号分隔符都必须是半角状态下输入的英文符号，如果输入中文的逗号，则 IF 函数不能正确执行。

（12）同前，在“一季度统计”工作表中选择任一单元格，在“设计”选项卡中，勾选“表格样式选项”选项组中的“汇总行”选项，对工作表进行汇总。单击工作表单元格 D16，单击右侧出现的箭头，在下拉列表中选择“求和”，计算出一季度所有饮料的总销售额。用相同的方法在 E16 单元格计算出一季度所有饮品总净利润值，如图 3-27 所示。

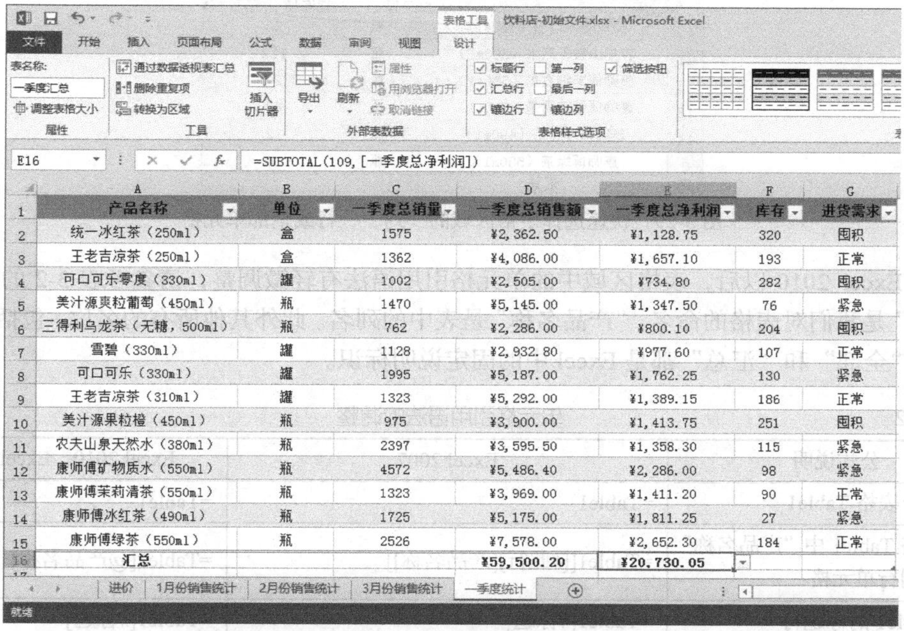

E16 =SUBTOTAL(109,[一季度总净利润])

产品名称	单位	一季度总销量	一季度总销售额	一季度总净利润	库存	进货需求
统一冰红茶（250ml）	盒	1575	¥2,362.50	¥1,128.75	320	囤积
王老吉凉茶（250ml）	盒	1362	¥4,086.00	¥1,657.10	193	正常
可口可乐零度（330ml）	罐	1002	¥2,505.00	¥734.80	282	囤积
美汁源爽粒葡萄（450ml）	瓶	1470	¥5,145.00	¥1,347.50	76	紧急
三得利乌龙茶（无糖，500ml）	瓶	762	¥2,286.00	¥800.10	204	囤积
雪碧（330ml）	罐	1128	¥2,932.80	¥977.60	107	正常
可口可乐（330ml）	罐	1995	¥5,187.00	¥1,762.25	130	紧急
王老吉凉茶（310ml）	罐	1323	¥5,292.00	¥1,389.15	186	正常
美汁源果粒橙（450ml）	瓶	975	¥3,900.00	¥1,413.75	251	囤积
农夫山泉天然水（380ml）	瓶	2397	¥3,595.50	¥1,358.30	115	紧急
康师傅矿物质水（550ml）	瓶	4572	¥5,486.40	¥2,286.00	98	紧急
康师傅茉莉清茶（550ml）	瓶	1323	¥3,969.00	¥1,411.20	90	正常
康师傅冰红茶（490ml）	瓶	1725	¥5,175.00	¥1,811.25	27	紧急
康师傅绿茶（550ml）	瓶	2526	¥7,578.00	¥2,652.30	184	正常
汇总			¥59,500.20	¥20,730.05		

图 3-27　一季度各饮料销售数据汇总

实训技巧

（1）自 Excel 2007 版本开始，软件中增加了一个工具，即“表格”工具。表格工具是对 Excel 先前版本中的“列表”工具的增强版，发展到 Excel 2013 版本时，对表格中数据引用的语法和部分操作做了轻微改进。

譬如，若要快速选择表格中的某一列，可将鼠标移动到该列第一行单元格顶部和列标题连接处（注意不是放在列标题上，否则选中的是工作表的一列而不是表格区域的一列），鼠标会变为方向向下的短小黑色实心箭头，如图 3-28 所示，此时单击鼠标则立刻选中表格区域的该列所有行。同理，还可以用该方法快速选择表格区域某一行的全部单元格。在表格左上角第一个单元格和工作表全选按钮的连接处单击，可快速选择表格区域所有单元格。

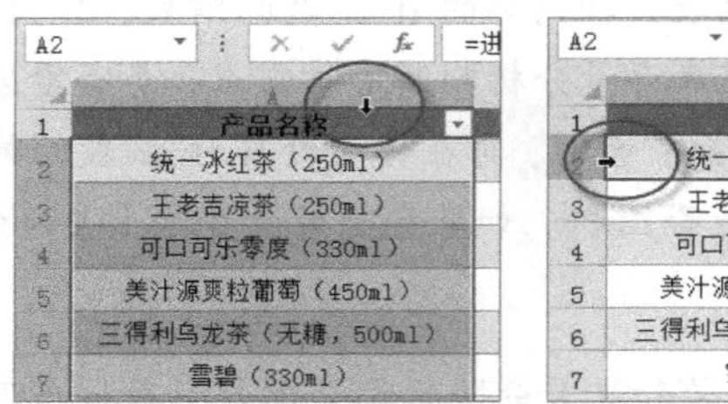
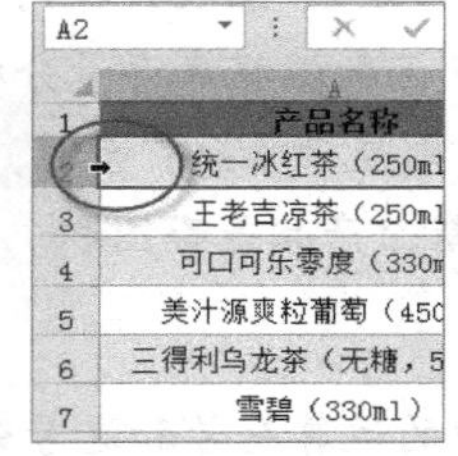
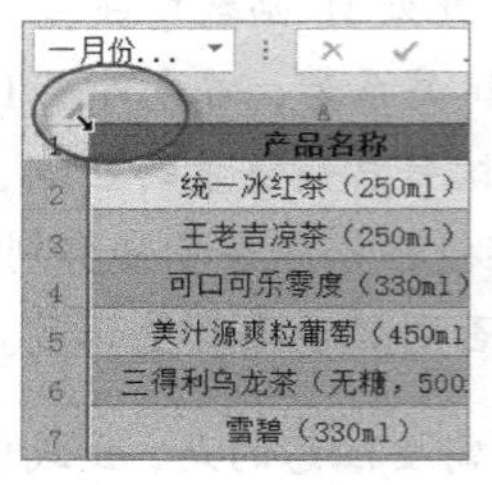

图 3-28　快速选择表格区域的一列、一行或全部单元格

（2）当表格区域超过一屏页面的高度，向下滚动页面浏览时，如果此时鼠标已选中表格区域某一单元格，则表格的首行标题行将会显示在列标题行处，如图 3-29 所示。这样我们可以更好地确定某列数据所表示的内容。

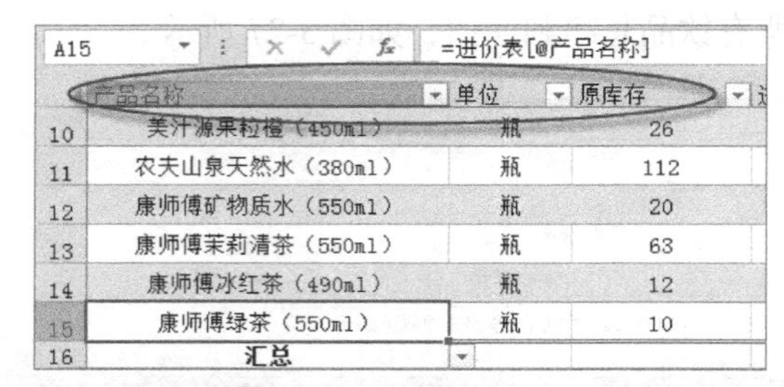

图 3-29　快速选择表格区域的一列、一行或全部单元格

（3）Excel 2010 以后，表格区域中的单元格引用语法有轻微调整，请参考表 3-2 的对比，其中“进价”是我们对表格的命名，“产品名称”是表中的列名。此外其他所有的名称，包括“此行”、“标题”、“全部”和“汇总”都是 Excel 中的固定说明标识。

表 3-2　单元格引用语法的调整

公式说明	Excel 2007	Excel 2010、Excel 2013
引用整个表格 Table1	=Table1	=Table1
引用表格 Table1 中“产品名称”列的相同行单元格	=Table1[[#此行][产品名称]]	=Table1[@产品名称]
表格 Table1 的标题行	=Table1[#标题]	=Table1[#标题]
引用整个表格 Table1	=Table1[#全部]	=Table1[#全部]
引用汇总行	=Table1[#汇总]	=Table1[#汇总]

实训 3　饮料店销售数据分析和图表制作

如今，我们的生活被各种数据充斥，呈现出数据量大、数据形式单调的趋势。面对冰冷单调的数据，应如何挖掘出数据中对我们较有意义的信息，是当今的热门话题。本实训基于实训 2 中对饮料店一季度饮品的销售、库存统计结果，利用 Excel 提供的工具对其进行数据分析，制作图表，从而直观地，多角度地呈现统计结果所包含的信息。

实训目标

本实训期望学习者掌握以下操作技能：

❖ 表格间数据的引用。

❖ MAX、MIN、VLOOKUP、IF 函数的用法。

❖ 饼图、柱形图等图表的创建和设置，包含多系列数据的柱形图。

❖ 单元格样式美化。

请读者携以下需求分析数据，尝试找出饮料店第一季度中：

❖ 净利润最高的饮料产品，并显示其名称和净利润值。

❖ 净利润最低的饮料产品，并显示其名称和净利润值。

❖ 除去净利润最高和最低的两款饮品，其他饮品总净利润值。

❖ 以饼图显示以上三类信息。

❖ 以柱状图显示一季度各饮品的总销量和净利润。

结果如图 3-30 所示。

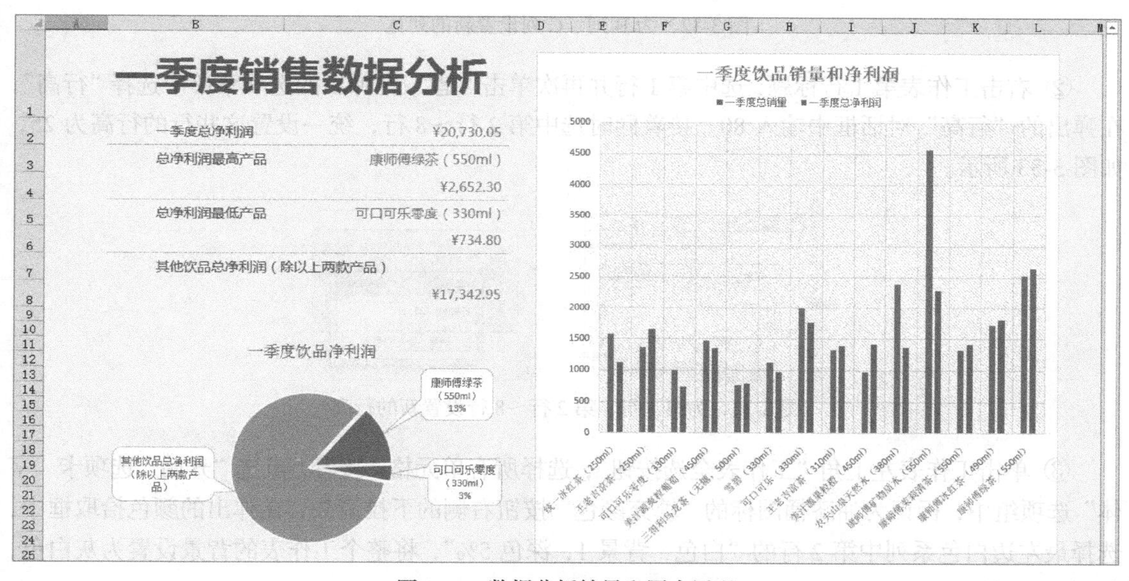

图 3-30　数据分析结果和图表展现

实训步骤

（1）打开素材中 Excel 章节的“饮料店-完成.xlsx”文件。文件中已经录入并完成了饮料店第一季度的营业数据。

（2）创建新工作表存放数据分析结果和图表。

① 单击屏幕底部工作表标签栏中的“一季度统计”标签，接着单击其右侧“新工作表”按钮，在工作表“一季度统计”标签右侧会出现一新建工作表的标签，如图 3-31 所示。

提示：新建的工作表会自动被命名为 SheetN，这里 N 是指数字 1、2、3……，即在本工作簿中新建工作表时 Excel 会将工作表缺省命名为 Sheet1，Sheet2……以此类推。

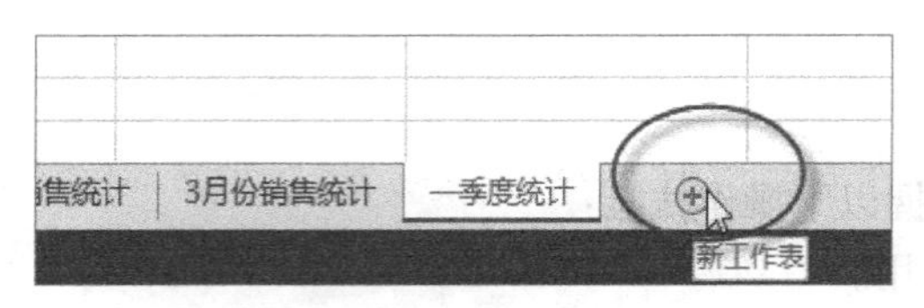

图 3-31　新建工作表

② 双击新工作表的标签，将其重命名为“一季度数据分析报告”。

（3）美化工作表，为填充数据和图表做准备。

① 右击工作表 B 列标题，选中 B 列并在此时弹出的选项菜单中选择“列宽”，在弹出的“列宽”对话框中输入 25。用相同方法设置 C 列宽度为 32，如图 3-32 所示。

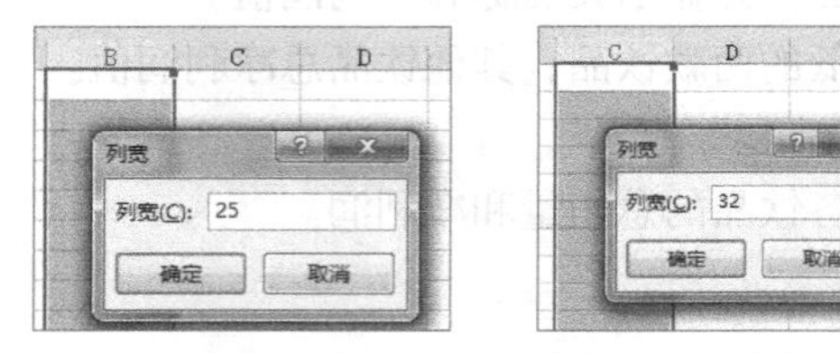

图 3-32　为 B 列、C 列设置新的列宽

② 右击工作表第 1 行标题，选中第 1 行并再次单击“是”，在弹出的选项菜单中选择“行高”，在弹出的“行高”对话框中输入 80。接着同时选中第 2 行～8 行，统一设置这些行的行高为 25，如图 3-33 所示。

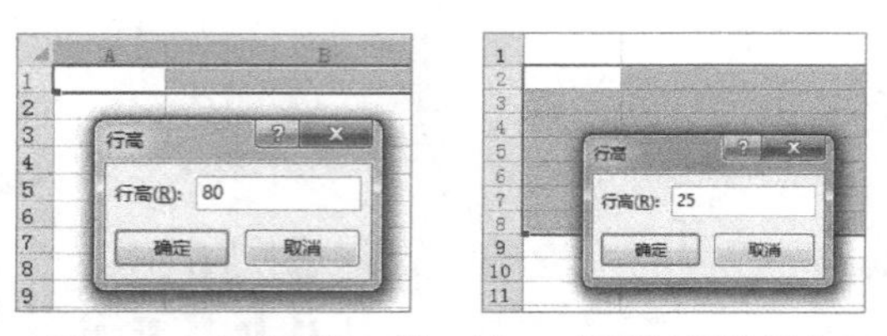

图 3-33　为第 1 行、第 2 行～8 行设置新的行高

③ 单击工作表左上角“工作表全选按钮”，选择所有单元格。接着，点选“开始”选项卡“字体”选项组中，标识为油漆桶图标的“填充颜色”按钮右侧的下拉箭头，在弹出的颜色拾取框中，选择最左边白色系列中第 2 行的“白色，背景 1，深色 5%”，将整个工作表的背景设置为灰白色，如图 3-34 所示。

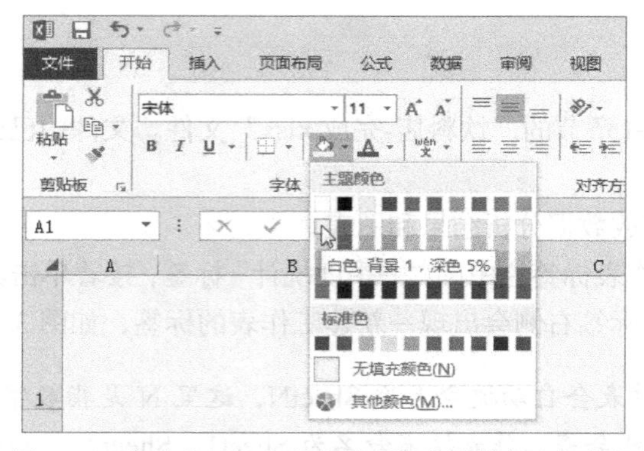

图 3-34　将整个工作表所有单元格背景填充为灰白色

（4）填入说明文字，设定字体及标识符号。

① 选择 B1 单元格，填入文字“一季度销售数据分析”。选择 B1 单元格，在“开始”选项卡的“字体”选项组中，设定单元格字体为“微软雅黑”，字体大小设定为 36，字体样式设定为“粗体”，字体颜色设为黑色系列中的“黑色，文字 1，淡色 35%”，如图 3-35 所示。

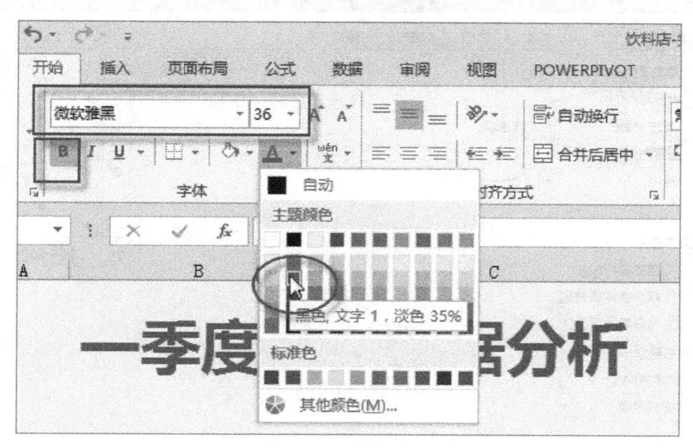

图 3-35 填入标题并设定样式

② 选择 B2 单元格，填入文字“一季度总净利润”。选择 B3 单元格，填入文字“净利润最高产品”。选择 B5 单元格，填入文字“净利润最低产品”。选择 B7 单元格，填入“其他饮品总净利润（除以上两款饮品）”。

③ 按住鼠标左键，从单元格 B2 开始向下连续选择，一直选至单元格 B8，在“开始”选项卡的“字体”选项组中，设定所选单元格字体为“微软雅黑”，字体大小设定为 12，字体颜色设为黑色系列中的“黑色，文字 1，淡色 25%”。

④ 保持 B2 至 B8 单元格的选中状态，单击“开始”选项卡的“对齐方式”选项组右下角的“对话框启动器”按钮，弹出“设置单元格格式”对话框，如图 3-36 所示。

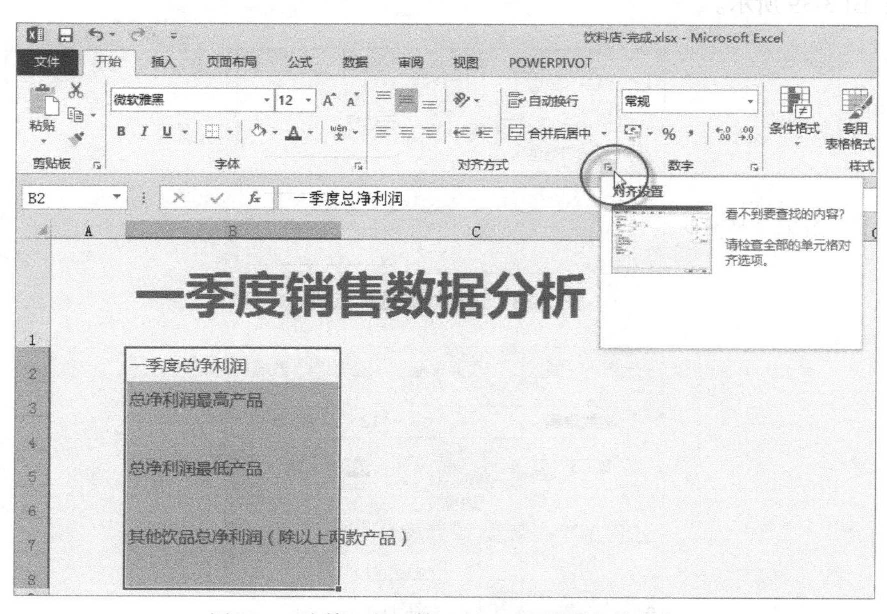

图 3-36 为第 1 行、第 2 行～8 行设置新的行高

⑤ 在“设置单元格格式”对话框中，当前应显示“对齐”选项卡内容。在“水平对齐”下拉列表中选择“靠左（缩进）”，在其右侧“缩进”输入框中，填入 2。设定完毕后，单击“确定”按钮，如图 3-37 所示。

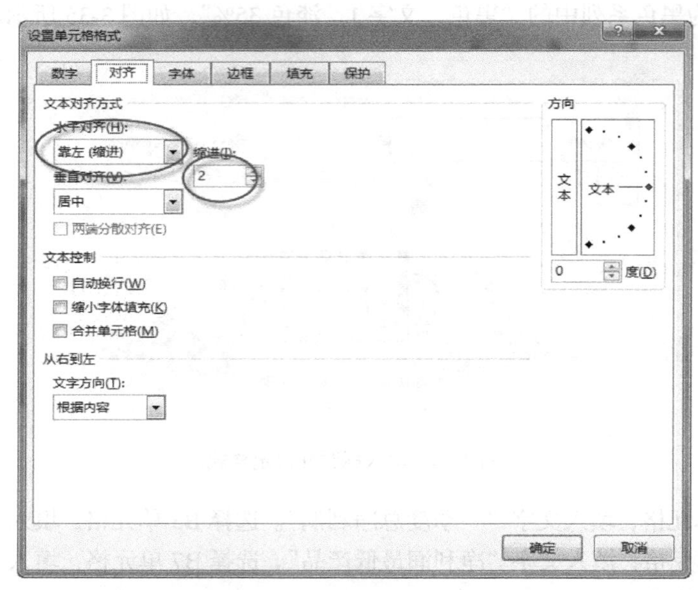

图 3-37　设定单元格 B2:B8 的文本内容对齐方式

⑥ 按住鼠标左键，连续选择 B2 和 C2 单元格。按住键盘 Ctrl 键，继续选择 B4 和 C4 单元格。保持键盘 Ctrl 键处于按下状态，继续选择 B6 和 C6 单元格。此时应共选择了 6 个单元格。单击“开始”选项卡的“字体”选项组中“边框”按钮右侧的下拉箭头，移动鼠标至“线型”菜单项，在其子菜单中选择第 3 个线型“点线”。再次单击“边框”按钮右侧的下拉箭头，选择“下框线”项，如图 3-38、图 3-39 所示。

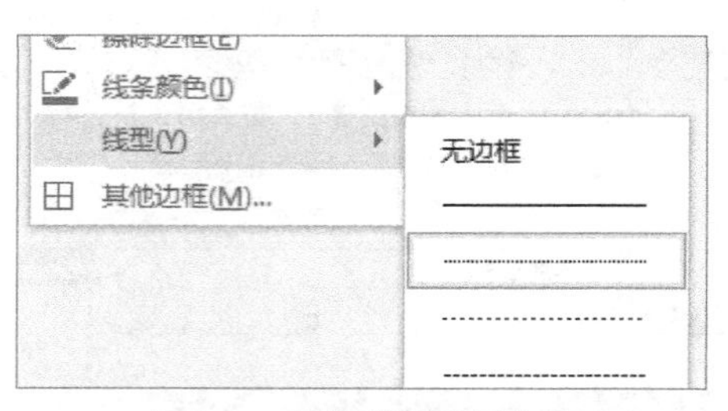

图 3-38　边框线型选择点线

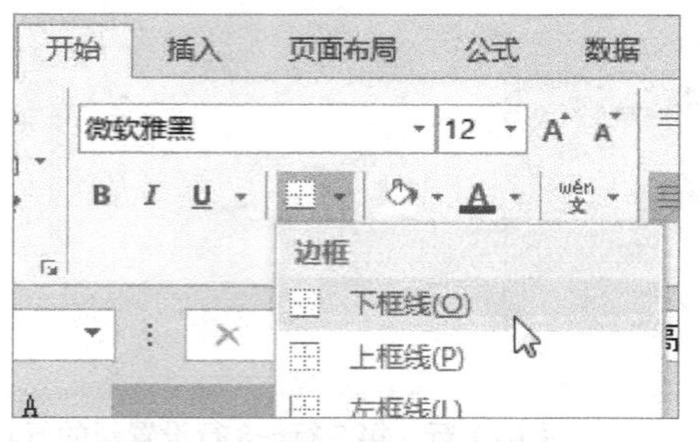

图 3-39　给单元格下方加边框

⑦ 选择“插入”选项卡，在“插图”选项组中，单击“形状”按钮右侧的下拉箭头，在下拉菜单中选择“矩形”栏中的“矩形”，按下键盘 Shift 键，接着按下鼠标左键拖曳出一个边长和 B3 单元格中文字高度相仿的正方形。保持正方形图形的选中状态，切换到“格式”选项卡，在“形状样式”选项组中，将正方形设定为边框为白色，内部填充蓝色的样式，即样式“浅色 1 轮廓，彩色填充-蓝色，强调颜色 1”。同时，在“格式”选项卡的“大小”选项组中，将正方形的边长设定为 0.6 厘米（宽度和高度都设为 0.6 厘米）。将正方形用鼠标拖动放置在 B3 单元格左侧的缩进空白处，如图 3-40 所示。

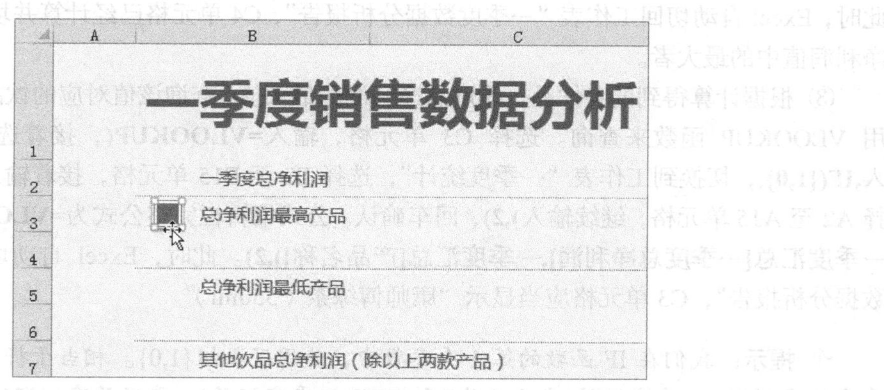

图 3-40　插入正方形图形标识

⑧ 选中正方形，右击，在选项菜单中选择“复制”，单击两次“开始”选项卡的“剪贴板”选项组中的“粘贴”按钮，生成两个同样的正方形图形。分别将其放置在 B5 单元格和 B7 单元格左侧的缩进空白处。将放置在 B5 单元格的正方形设定为边框为白色，内部填充红色的样式，即样式“浅色 1 轮廓，彩色填充-红色，强调颜色 2”。将放置在 B7 单元格的正方形设定为边框为白色，内部填充橄榄色的样式，即样式“浅色 1 轮廓，彩色填充-橄榄色，强调颜色 3”。同时选中 3 个正方形，对它们在位置上进行排序，单击“格式”选项卡的“排列”选项组中的“对齐”右侧的下拉箭头，在弹出的菜单中，选择“左对齐”，使 3 个正方形标识排列整齐，效果如图 3-41 所示。

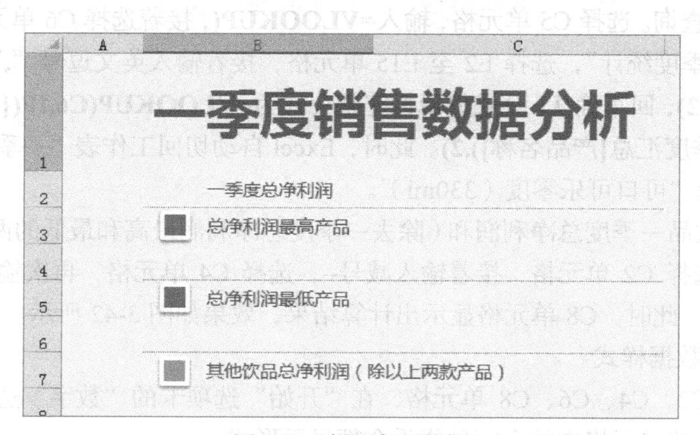

图 3-41　标识各行数据

（5）引用和计算数据，填入对应单元格。

① 填入一季度总净利润值。一季度总净利润值已经在工作表“一季度统计”中统计完毕。这里我们直接对其进行引用。首先，选择工作表“一季度数据分析报告”中的 C2 单元格，输入=，

单击“一季度统计”标签，切换到“一季度统计”工作表，选择汇总行的E16单元格，回车确认。公式编辑栏完整公式为**=一季度汇总[[#汇总],[一季度总净利润]]**。此时，Excel自动切回工作表“一季度数据分析报告”，C2单元格已经引用填充一季度总净利润值。

② 填入一季度利润最高产品的总净利润值。我们已经在工作表“一季度统计”中计算了一季度各饮品的总净利润，现在需要在其中找出最大值。这里，我们需要使用MAX函数。选择工作表“一季度数据分析报告”中的C4单元格，在键盘输入**=MAX(**，切换到工作表“一季度统计”，选择E2至E15单元格，回车确认。公式编辑栏完整公式为**=MAX(一季度汇总[一季度总净利润])**。此时，Excel自动切回工作表“一季度数据分析报告”，C4单元格已经计算并填充各饮品一季度总净利润值中的最大者。

③ 根据计算得到的各饮品一季度总净利润的最大值，查询该值对应的饮品名称，这里我们使用VLOOKUP函数来查询。选择C3单元格，输入**=VLOOKUP(**，接着选择C4单元格，输入**,IF({1,0},**，切换到工作表“一季度统计”，选择E2至E15单元格，接着输入英文逗号“**,**”，选择A2至A15单元格，继续输入**),2)**，回车确认。公式编辑栏完整公式为**=VLOOKUP(C4,IF({1,0},一季度汇总[一季度总净利润],一季度汇总[产品名称]),2)**。此时，Excel自动切回工作表“一季度数据分析报告”，C3单元格应当显示“康师傅绿茶（550ml）”。

提示：我们在IF函数的第1个参数中，使用了数组{1,0}。相当于将**IF(1,一季度汇总[一季度总净利润],一季度汇总[产品名称])**和**IF(0,一季度汇总[一季度总净利润],一季度汇总[产品名称])**的结果合并起来构成一个两列多行的子工作表。采用这种方法的目的是将“一季度总净利润”列放在首列，以便VLOOKUP函数搜索。

④ 填入一季度利润最低产品的总净利润值。我们需使用MIN函数。选择工作表“一季度数据分析报告”中的C6单元格，键盘输入**=MIN(**，切换到工作表“一季度统计”，选择E2至E15单元格，回车确认。此时，Excel自动切回工作表“一季度数据分析报告”，C6单元格已经计算并填充各饮品一季度总净利润值中的最小者。

⑤ 根据计算得到的各饮品一季度总净利润的最小值，查询该值对应的饮品名称，同样使用VLOOKUP函数来查询。选择C5单元格，输入**=VLOOKUP(**，接着选择C6单元格，输入**,IF({1,0},**切换到工作表“一季度统计”，选择E2至E15单元格，接着输入英文逗号“**,**”，选择A2至A15单元格，继续输入**),2)**，回车确认。公式编辑栏完整公式为**=VLOOKUP(C6,IF({1,0},一季度汇总[一季度总净利润],一季度汇总[产品名称]),2)**。此时，Excel自动切回工作表“一季度数据分析报告”，C3单元格应当显示“可口可乐零度（330ml）”。

⑥ 计算其他饮品一季度总净利润和（除去一季度总净利润最高和最低的两款饮品）。选择C8单元格，输入=，选择C2单元格，接着输入减号–，选择C4单元格，再次输入减号–，选择C6单元格，回车确认。此时，C8单元格显示出计算结果，效果如图3-42所示。

（6）设定C列数据样式。

① 同时选中C2、C4、C6、C8单元格，在“开始”选项卡的“数字”选项组中的下拉列表选择“货币”，使这些单元格中的金额呈货币金额显示形式。

② 选择C2至C8单元格，在“开始”选项卡中的“对齐方式”选项组中，单击“右对齐”按钮，使单元格内容靠右对齐。保持C2至C8单元格为选中状态，设定单元格中文本字体为“微软雅黑”，字体大小为12，颜色为茶色（茶色，背景2，深色50%），效果如图3-43所示。

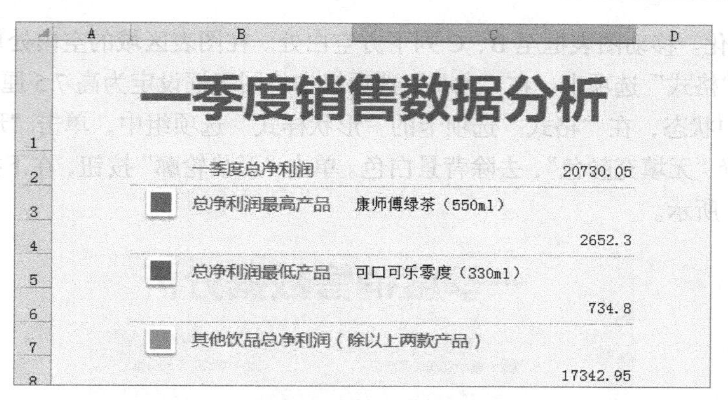

图 3-42　计算净利润相关数据

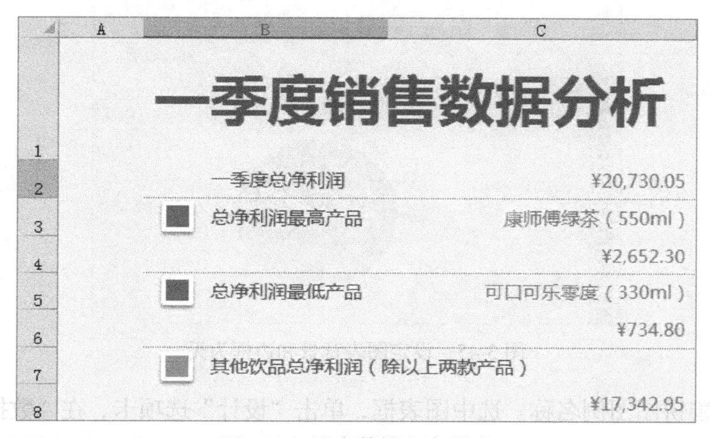

图 3-43　设定数据文本样式

（7）制作一季度净利润饼图，显示一季度总净利润最高产品、最低产品和其他产品的比例关系。

① 选择饼图制作的基本数据来源。同时选择 C4、C6、C8 单元格。单击“插入”选项卡，选择“图表”选项组中“插入饼图或圆环图”按钮，在弹出的下拉菜单中选择“二维饼图”栏中的“饼图”，如图 3-44 所示。

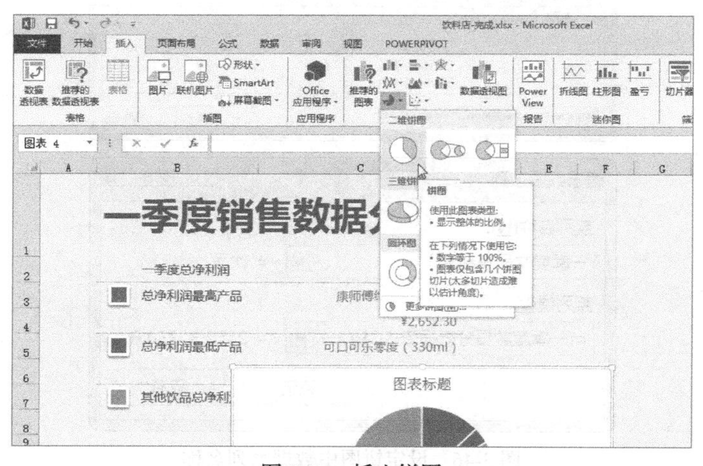

图 3-44　插入饼图

② 移动并美化。移动图表框至 B、C 列下方空白处。在图表区域的空白处单击鼠标左键，选中图表框，单击“格式”选项卡，在“大小”选项组中将图表框设定为高 7.5 厘米，宽 12.5 厘米。保持图表框的选中状态，在“格式”选项卡的“形状样式”选项组中，单击“形状填充”按钮，在下拉菜单中选择“无填充颜色”，去除背景白色。单击“形状轮廓”按钮，在下拉菜单中选择“无轮廓”，如图 3-45 所示。

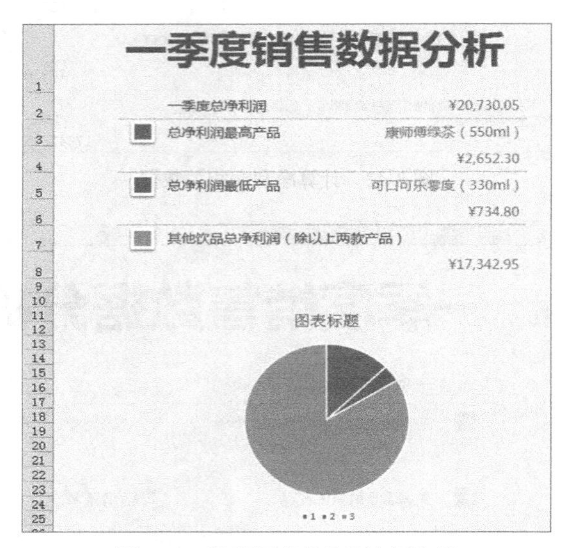

图 3-45　设定图表背景和边框为无

③ 进一步完善饼图图例名称。选中图表框，单击“设计”选项卡，在“数据”选项组中单击“选择数据”按钮。单击左侧“图例项（系列）”的“编辑”按钮，弹出“编辑数据系列”对话框。在对话框的“系列名称”输入框中输入“**一季度饮品净利润**”，单击确定，返回“选择数据源”对话框，如图 3-46 所示。

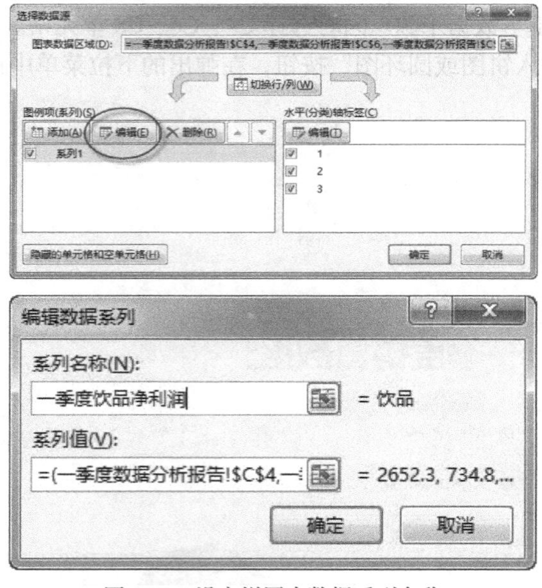

图 3-46　设定饼图中数据系列名称

④ 继续单击右侧“水平（分类）轴标签”的“编辑”按钮，如图 3-47 所示，在弹出的“轴标签”对话框中单击输入框右侧的压缩对话框按钮，用鼠标依次选中 C2、C5 和 B7 单元格，如图 3-48 所示，引用该 3 个单元格的文本内容作为图例文字，回车确认。单击“确定”按钮完成轴标签的引用。此时画面回到“选择数据源”对话框，效果应如图 3-49 所示，单击“确定”按钮确认操作。

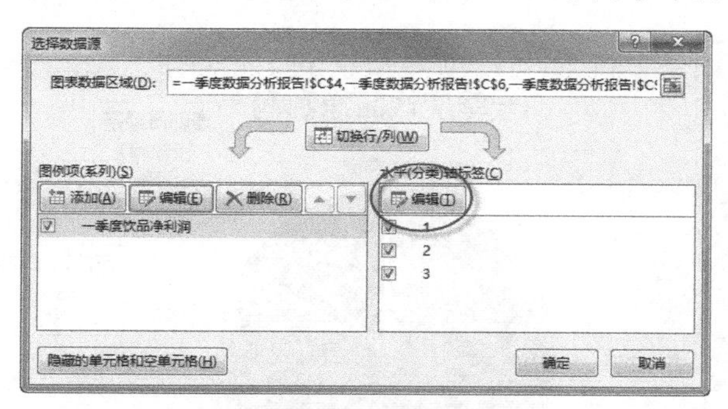

图 3-47 设定饼图中数据系列名称

图 3-48 选择图例标签的引用

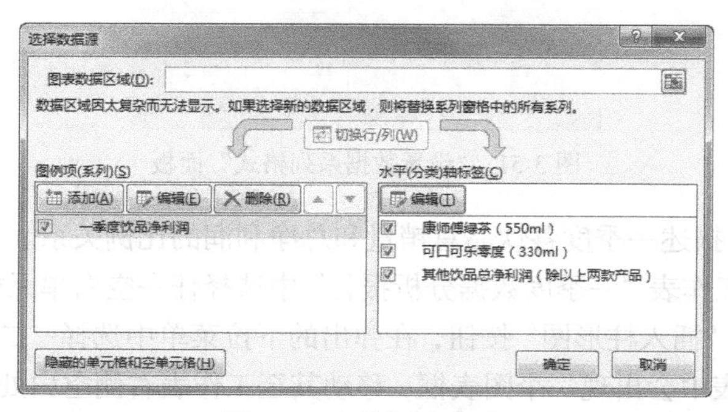

图 3-49 图例设定完成

⑤ 为了便于识别饼图中各区域代表的饮品，更换图例样式。选择图表区域，此时图表区域右上角出现 3 个快捷按钮，单击第 1 个“图表元素”按钮[+]，在弹出菜单中去掉“图例”，单击“数据标签”菜单项右侧的箭头，在子菜单中选择“数据标注”。用鼠标调整数据标注位置，效果如图 3-50 所示。

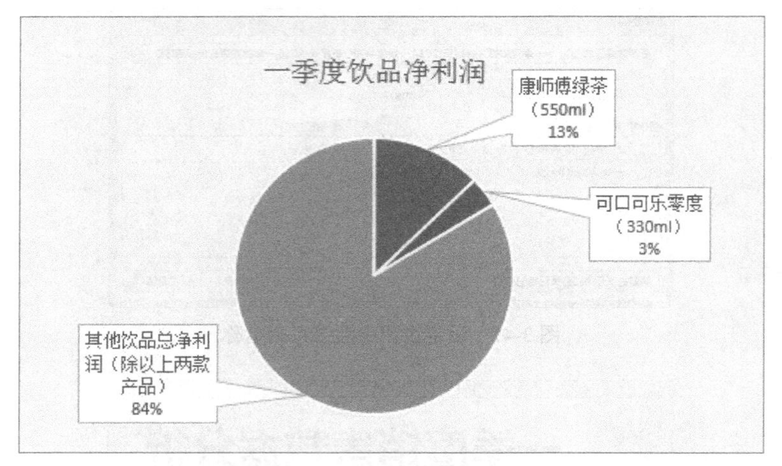

图 3-50　为饼图添加数据标注

提示：如果因为饼图各区域角度问题而使得标注位置不易分隔，可以双击饼图某个扇形区域，此时画面右侧会弹出“设置数据系列格式”面板，如图 3-51 所示。在“系列选项”栏中，拖动“第一扇区起始角度”滑块修改扇区位置。同时也可以拖动“饼图分离程度”滑块，设定扇区间的间距。这样图表会变得更加清晰和美观，如图 3-52 所示。

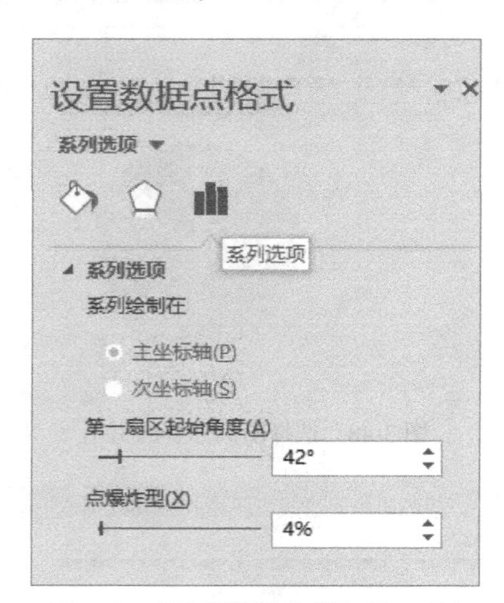

图 3-51　“设置数据系列格式”面板

（8）绘制柱形图，描述一季度各饮品总销量和总净利润的比例关系。

① 创建图表。在工作表“一季度数据分析报告”中选择任一空白单元格，单击“插入”标签，单击“图表”选项组中“插入柱形图”按钮，在弹出的下拉菜单中选择“二维柱形图”栏下的“簇状柱形图”。此时工作表中会出现一个图表框，移动其至工作表右侧空白处，在“格式”选项卡中的“大小”选项组中，设定该图标大小为高 16 厘米，宽 16 厘米。

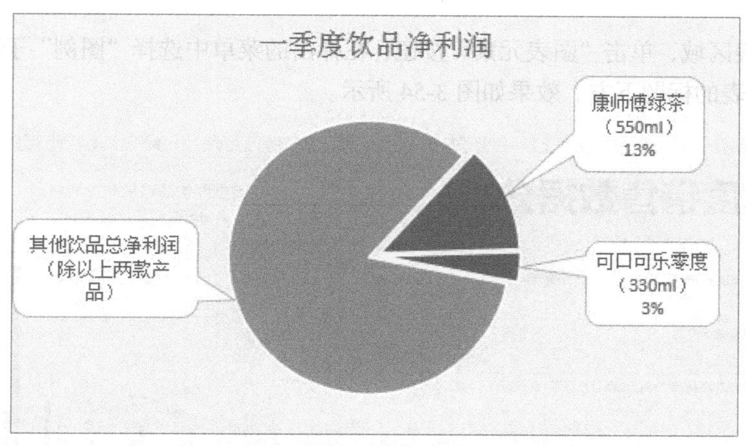

图 3-52 设定饼图扇区的起始角度和间距，美化图表

② 填充数据。保持图表框未选中状态，在“设计”选项卡中，单击“数据”选项组的“选择数据”按钮。在弹出的“选择数据源”对话框中，单击“图表数据区域”输入框右侧的压缩对话框按钮，切换到“一季度统计”工作表，依次选中 C2 至 C15 单元格和 E2 至 E15 单元格，回车确认。

③ 此时画面回到“选择数据源”对话框。接下来设定图例项。选中“图例项”一栏的“系列 1”项，单击“编辑”按钮，弹出“编辑数据系列”对话框，在“系列名称”输入框中，单击右侧压缩对话框按钮，切换到“一季度统计”工作表，依次选中 C1 单元格，回车确认，单击“确定”按钮。同理，编辑“系列 2”的名称，引用“一季度统计”工作表中 E1 单元格内容作为系列名称。结果如图 3-53 所示。

④ 保持“选择数据源”对话框不要关闭，设定水平轴标签。单击“水平（分类）轴标签”一栏的“编辑”按钮，弹出“轴标签”对话框，单击右侧压缩对话框按钮，切换到“一季度统计”工作表，选择 A2 至 A15 单元格，回车确认，单击“确定”确认操作。回到“选择数据源”对话框，结果如图 3-53 所示。单击“确定”按钮，完成数据源引用。

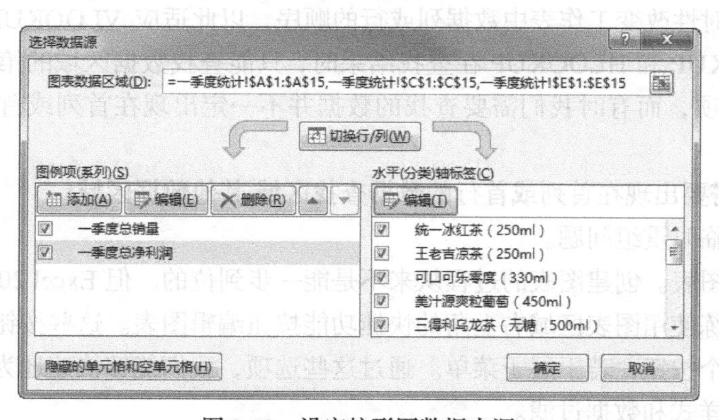

图 3-53 设定柱形图数据来源

⑤ 此时，柱形图表区域已经出现关于一季度饮品销量和净利润的柱形图。我们进一步对图表的标题和样式进行设定。双击“图表标题”，输入“一季度饮品销量和净利润”。

⑥ 保持图表区域的选中状态，单击“设计”选项卡，在“图表样式”选项组中，选择“样

式 7”。

⑦ 单击图表区域，单击“图表元素”按钮，在弹出的菜单中选择“图例”子菜单的“顶部”，使图例出现在图表的标题下方。效果如图 3-54 所示。

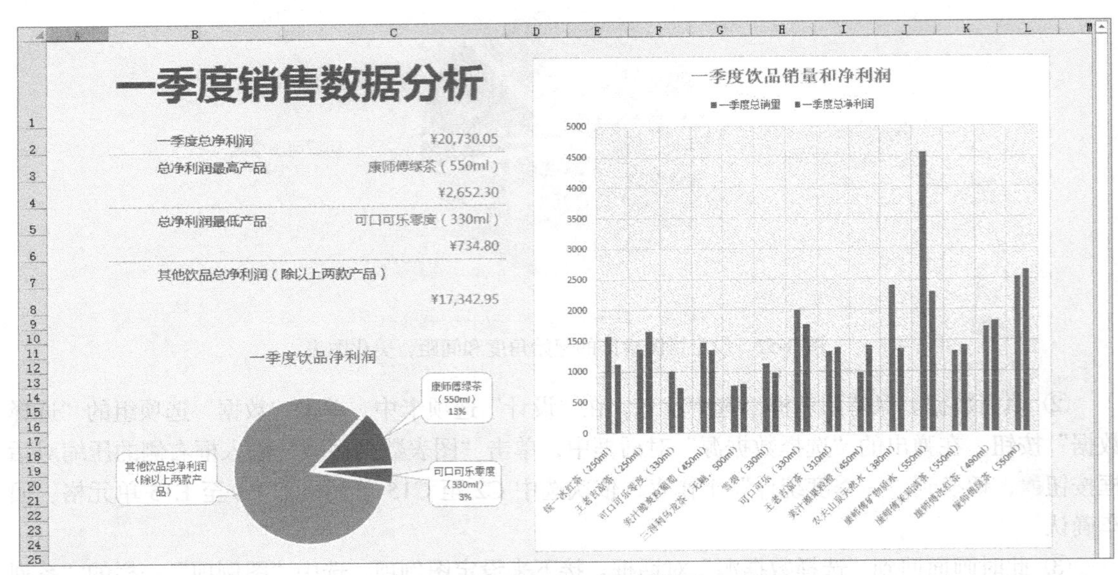

图 3-54　最终完成的效果图

实训技巧

（1）IF 函数的公式语法为：

IF(逻辑测试, [逻辑测试为真时的结果], [逻辑测试为假时的结果])

其中“逻辑测试为真时的结果”和“逻辑测试为假时的结果”的位置还可以嵌套另一层 IF 函数，最多可以嵌套 64 个 IF 函数。

如果 IF 函数的任意参数为数组，则在执行 IF 语句时，将同时计算数组的每一个元素。可以借助这一特点，临时性改变工作表中数据列或行的顺序，以此适应 VLOOKUP 或 HLOOKUP 的要求。因为 VLOOKUP 和 HLOOKUP 在查找结果时，只能查找数据区域的第一列或第一行是否有满足要求的数据项，而有时我们需要查找的数据并不一定出现在首列或首行。我们可以通过公式：

IF({1,0},包含需要出现在首列或首行的数据查找区域,其他数据区域)

来实现顺序的临时重组问题。

（2）关于创建图表。创建图表的过程从来不是能一步到位的。但 Excel 2013 对所有步骤进行了简化，要学会熟练使用图表区域右上角的快捷功能按钮编辑图表。这些按钮会在我们单击图标区域后显示，共三个按钮，若干层子菜单。通过这些选项，我们能够快速地为图表选择需要显示的图表元素、图表样式和数据过滤。

（3）在编辑图表标题文字时，若需要换行，可以按组合键 Alt + Enter。

（4）Excel 2013 共包含：柱形图、折线图、饼图和圆环图、条形图、面积图、XY（散点）图和气泡图、股价图、曲面图、雷达图、组合图等。本例中，我们使用了饼图和簇状柱形图。

当出现如下情况时，适合使用饼图：

① 只有一种数据信息需要显示（一个数据系列）；
② 数据中的值没有负值；
③ 数据中没有零值（否则饼图扇区难以清晰辨明）；
④ 类别最好不超过 7 个（否则扇区过于拥挤，不利于数据显示）。
当出现如下情况时，适合使用簇状柱形图：
① 数据范围明确；
② 数据标题名称没有特定顺序。

第 4 章 PowerPoint 演示文稿实战

实训 1　Office 办公软件简介

本实训要求使用 PowerPoint 2013 的设计模板制作一份演示文稿，在文稿中需要添加图片、剪切图、艺术字、音频以及视频等，使演示文稿更为生动。

实训目标

本实训将创建如图 4-1 所示的演示文稿。

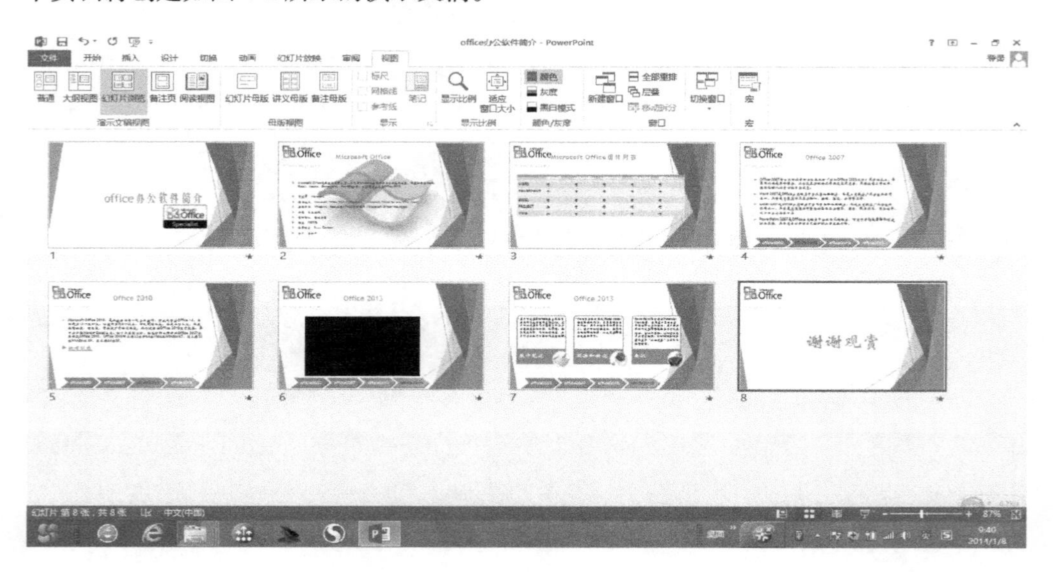

图 4-1　演示文稿的最终效果图

在制作演示文稿过程中，期望学习者掌握以下操作技能：

❖　查找并对演示文稿使用主题。
❖　设置幻灯片的背景填充效果和配色方案。
❖　在幻灯片中插入图片和艺术字。
❖　在幻灯片中插入视频、音频、SmartArt 等。

❖ 设置幻灯片中图片的背景透明度。
❖ 设置幻灯片的版式。
❖ 设置幻灯片的动画。
❖ 设置超链接。

实训步骤

（1）启动 PowerPoint 2013，显示全新的开始页，如图 4-2 所示，通过新建幻灯片，输入如图 4-3 所示的内容。

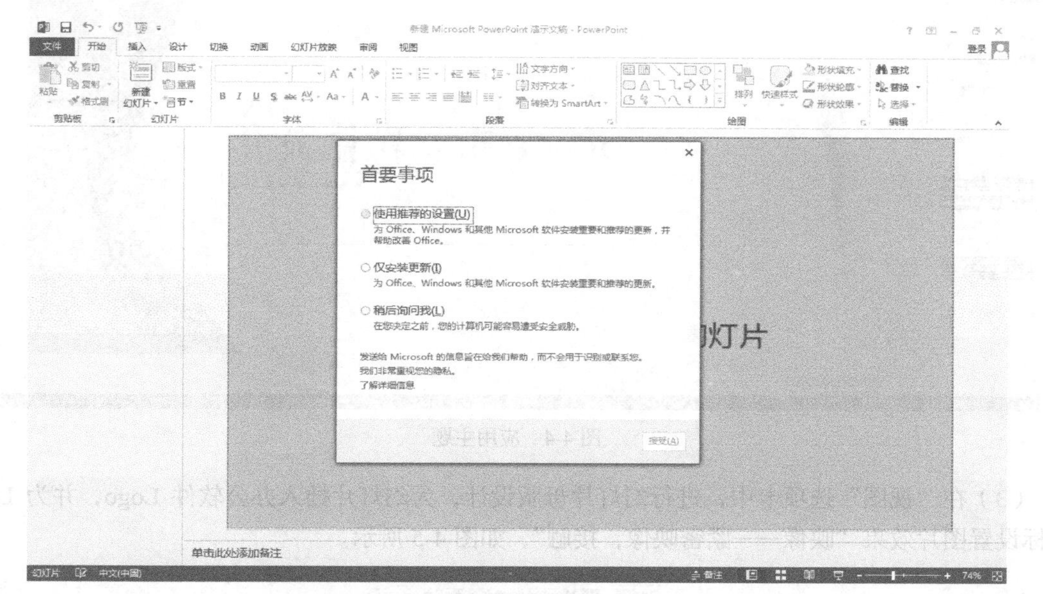

图 4-2　PowerPoint 界面

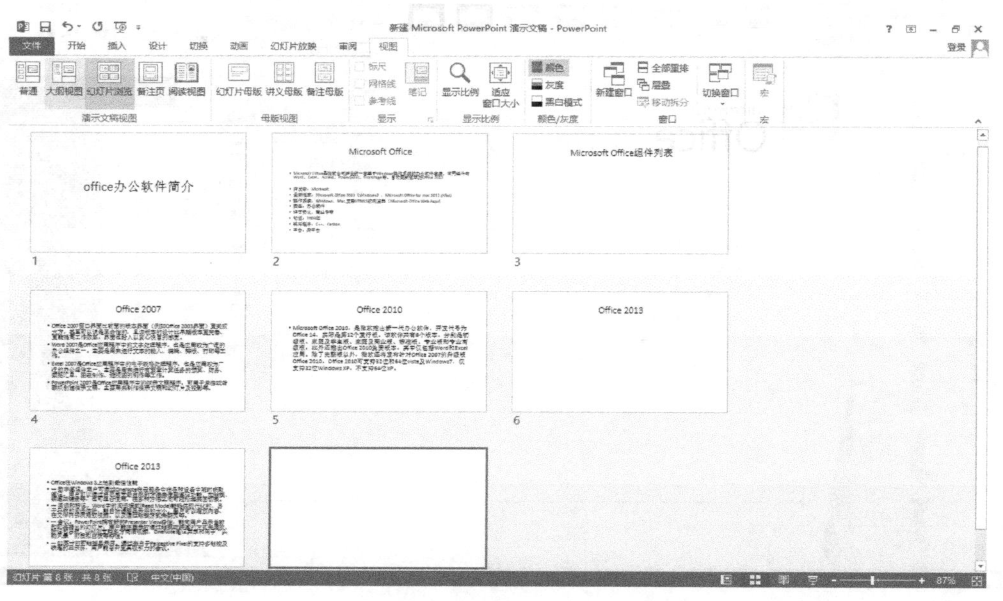

图 4-3　幻灯片内容

（2）在“设计”选项卡中，选择主题“平面”，将该幻灯片主题应用于所有幻灯片，如图 4-4 所示。

图 4-4　应用主题

（3）在“视图”选项卡中，进行幻灯片母版设计，为幻灯片插入办公软件 Logo，并为 Logo 图标设置图片效果“映像——紧密映像，接触”，如图 4-5 所示。

图 4-5　母版中插入 Logo

（4）美化第一张幻灯片，选择“插入”选项卡，插入图片，效果图如图 4-6 所示，并在幻灯片中插入音频“科技音乐.mp3”，并设置音频播放相关属性，如图 4-7 所示。

图 4-6　美化后的第一张幻灯片

图 4-7　插入音频

（5）美化第二张幻灯片，设置幻灯片背景，效果图如图 4-8 所示，调整背景图片透明度等属性。

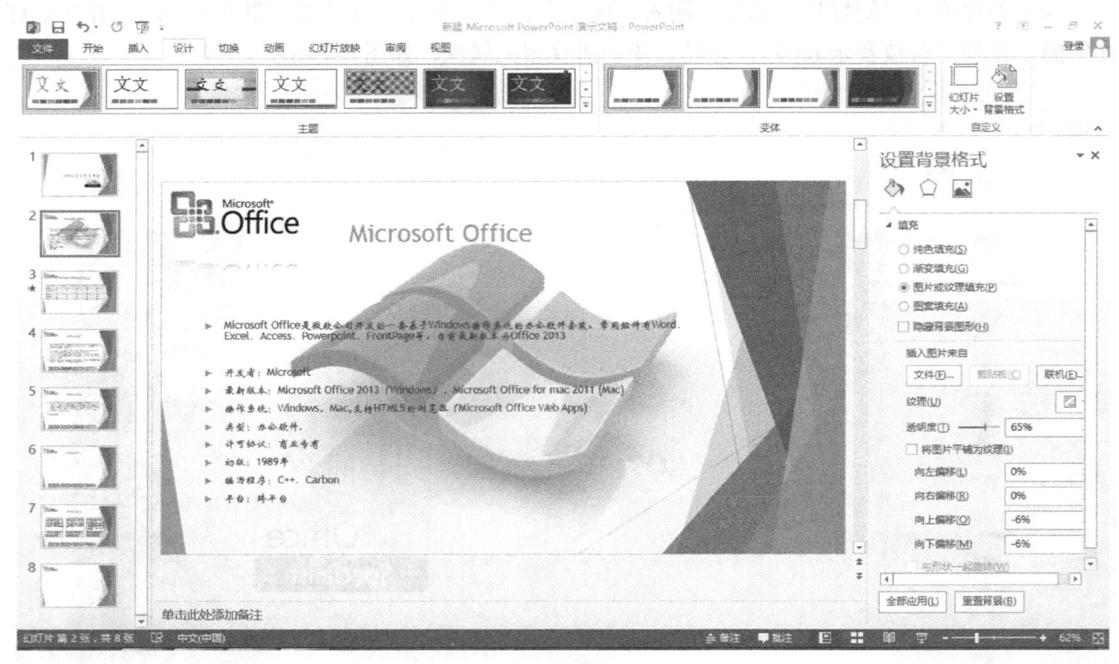

图 4-8　美化后的第二张幻灯片

（6）美化第三张幻灯片，插入一个 6 行 6 列的表格，通过“表格工具”设置并美化表格格式，如图 4-9 所示。最后通过“动画”选项卡，为表格设置动画效果“弹跳”。

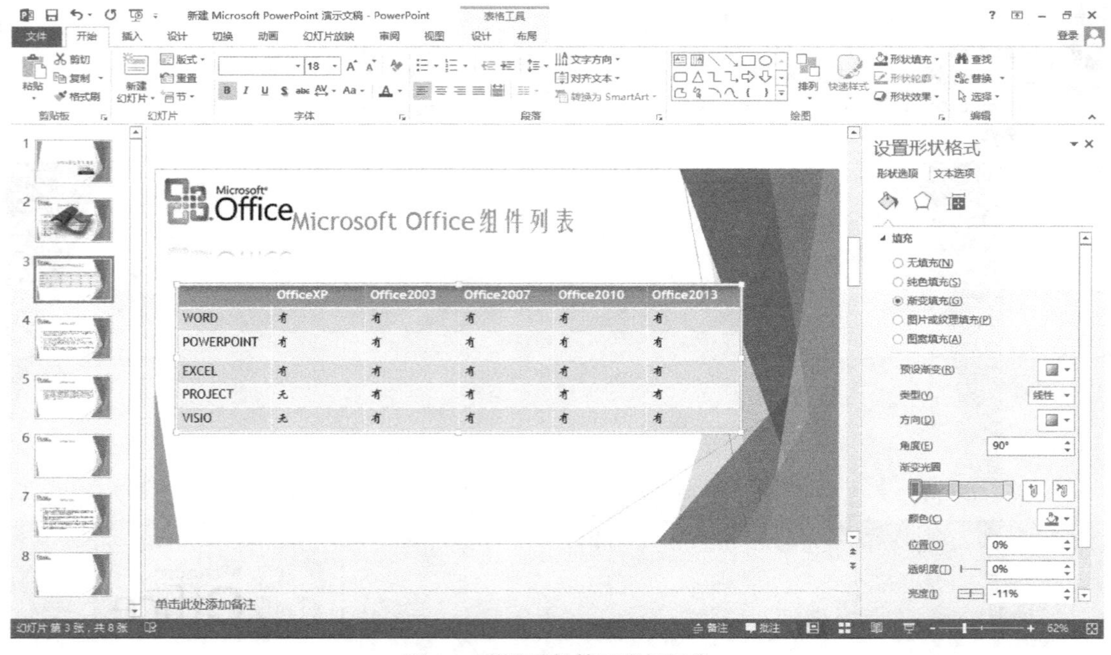

图 4-9　美化后的第三张幻灯片

（7）美化第四张幻灯片，插入 SmartArt 图形，选择“流程——基本 V 形流程”，为该幻灯片添加进度条，应用 SmartArt 样式中“三维——平面场景”，并为图形上的文本设置艺术字样式“图案填充——白色，文本 2，深色上对角线，阴影”，效果如图 4-10 所示。

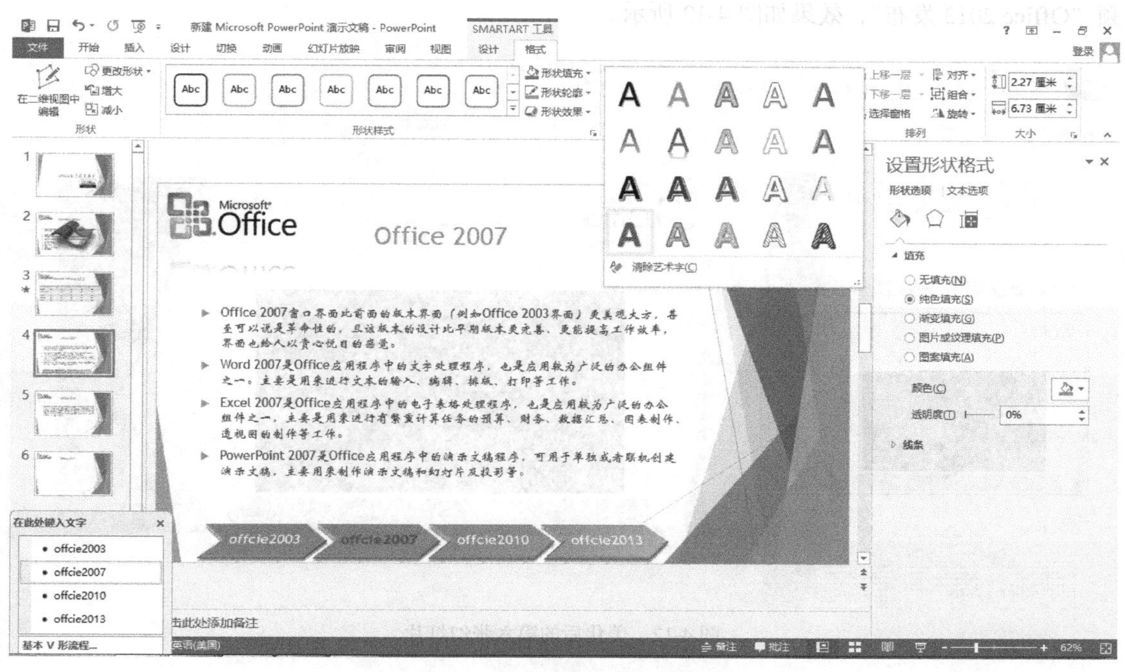

图 4-10　美化后的第四张幻灯片

（8）美化第五张幻灯片，为幻灯片添加进度条，操作过程如步骤（7）。在该幻灯片中添加文本“新增功能”，在“插入”选项卡中选择“超链接”为该文本设置超级链接，链接打开文档“Office 2010 新增功能.docx”，效果如图 4-11 所示。

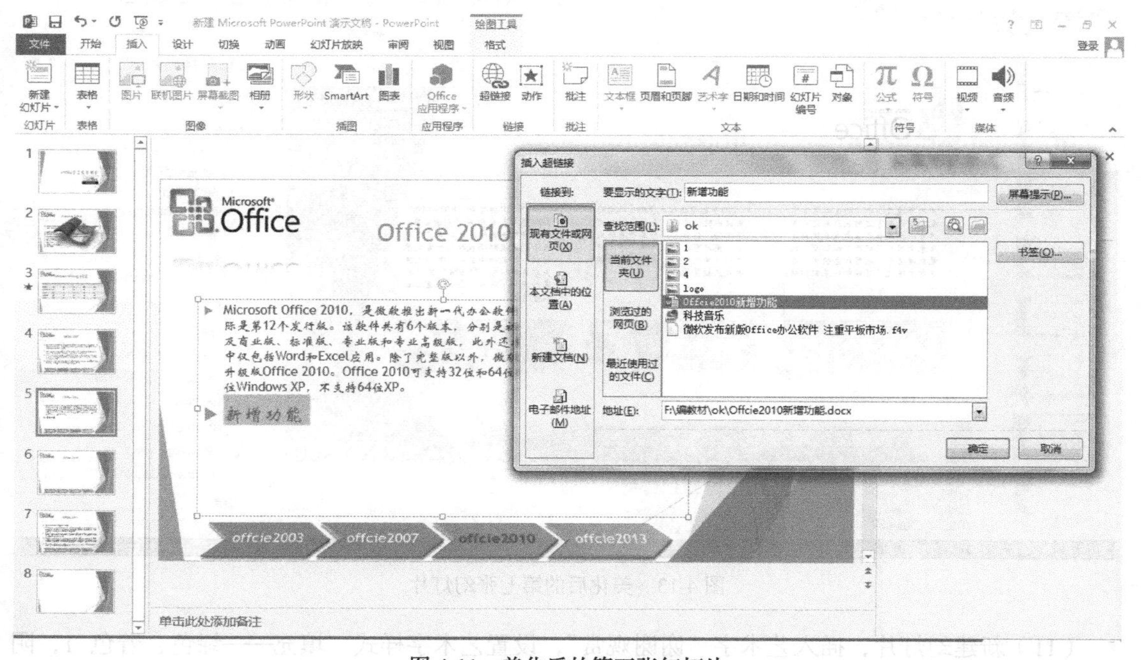

图 4-11　美化后的第五张幻灯片

（9）美化第六张幻灯片，为幻灯片添加进度条，操作过程如步骤（7）。在该幻灯片中插入视频“Office 2013 发布”，效果如图 4-12 所示。

图 4-12　美化后的第六张幻灯片

（10）美化第七张幻灯片，为幻灯片添加进度条，操作过程如步骤（7）。插入 SmartArt 图形“列表——蛇形图形重点列表”，效果如图 4-13 所示。

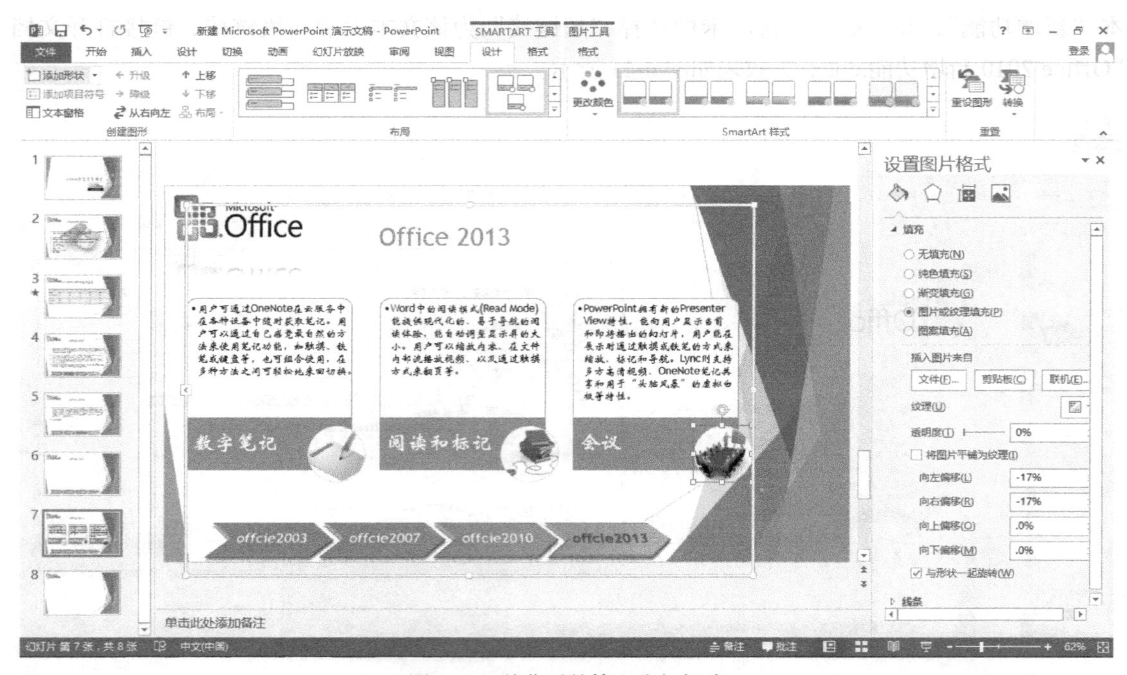

图 4-13　美化后的第七张幻灯片

（11）新建幻灯片，插入艺术字“谢谢观赏”，设置艺术字样式“填充——绿色，着色 1，阴影”，并为艺术字设置动画效果“强调——加粗展示”，如图 4-14 所示。

（12）在“切换”选项卡中，为幻灯片设置页面切换效果：

幻灯片 1：“推进”，效果选项“自底部”；

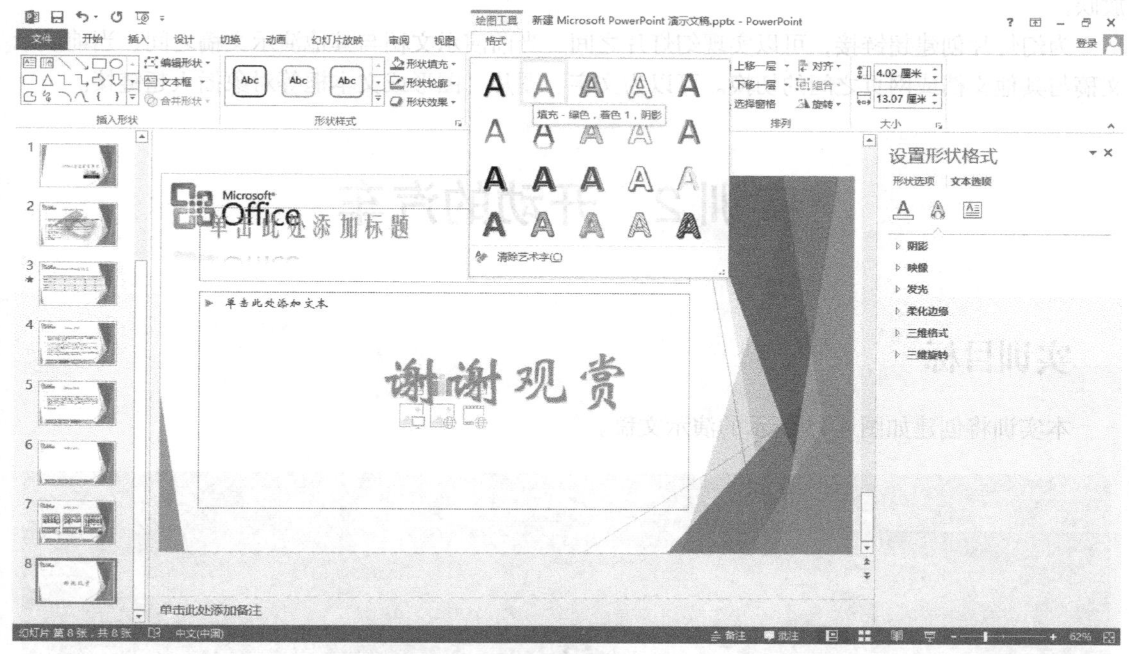

图 4-14　最后一张幻灯片效果

幻灯片 2：“旋转”，效果选项“自右侧”；

幻灯片 3：“随机线条”，效果选项“垂直”；

幻灯片 4：“分割”，效果选项“中央向左右展开”；

幻灯片 5：“分割”，效果选项“中央向左右展开”；

幻灯片 6：“分割”，效果选项“中央向左右展开”；

幻灯片 7：“分割”，效果选项“中央向左右展开”；

幻灯片 8：“淡出”，效果选项“平滑”。

（13）保存放映效果，并将幻灯片导出为“office 办公软件简介.ppsx”。

实训技巧

❖　在“大纲”窗格中录入文本

在“大纲”窗格中录入文本时，可使用 Tab 键或 Tab+Shift 组合键降低或提高文本级别。在标题级别时使用 Enter 键将自动插入新幻灯片，新幻灯片的版式默认为“标题或文本”。

❖　幻灯片母版的作用

母版为用户提供了统一修改演示文稿外观的方法，包含了演示文稿中的共有信息。母版规定了演示文稿中幻灯片、讲义及备注的文本、背景、日期及页码格式等版式要素。

单击“普通视图”按钮时如果按下 Shift 键就可以切换到“幻灯片母版视图”；再单击一次“普通视图”按钮（不按 Shift 键）则可以切换回来。如果单击“幻灯片浏览视图”按钮时按下 Shift 键就可以切换到“讲义母版视图”。

❖　设置超链接和动作

通过设置超链接和设置动作，可以创建交互式演示文稿，使读者以自己所希望的节奏进行放映。

为幻灯片创建超链接，可以实现幻灯片之间、当前演示文稿与其他演示文稿之间、当前演示文稿与其他文档或网页之间的切换。可以为文字、图片、图形或文本框等对象插入超链接。

实训 2　开动的汽车

实训目标

本实训将创建如图 4-15 所示的演示文稿。

图 4-15 “开动的汽车”最终效果

在制作演示文稿过程中，期望学习者掌握以下操作技能：

❖　设置幻灯片的背景填充效果和配色方案；
❖　在幻灯片中插入图片；
❖　绘制图形；
❖　设置动画效果。

实训步骤

（1）为幻灯片设置背景填充，“径向渐变——着色 3”预设颜色，效果如图 4-16 所示。

（2）插入赛车图像后，根据界面大小增大图像大小，并放到幻灯片的适当位置上，效果如图 4-17 所示。

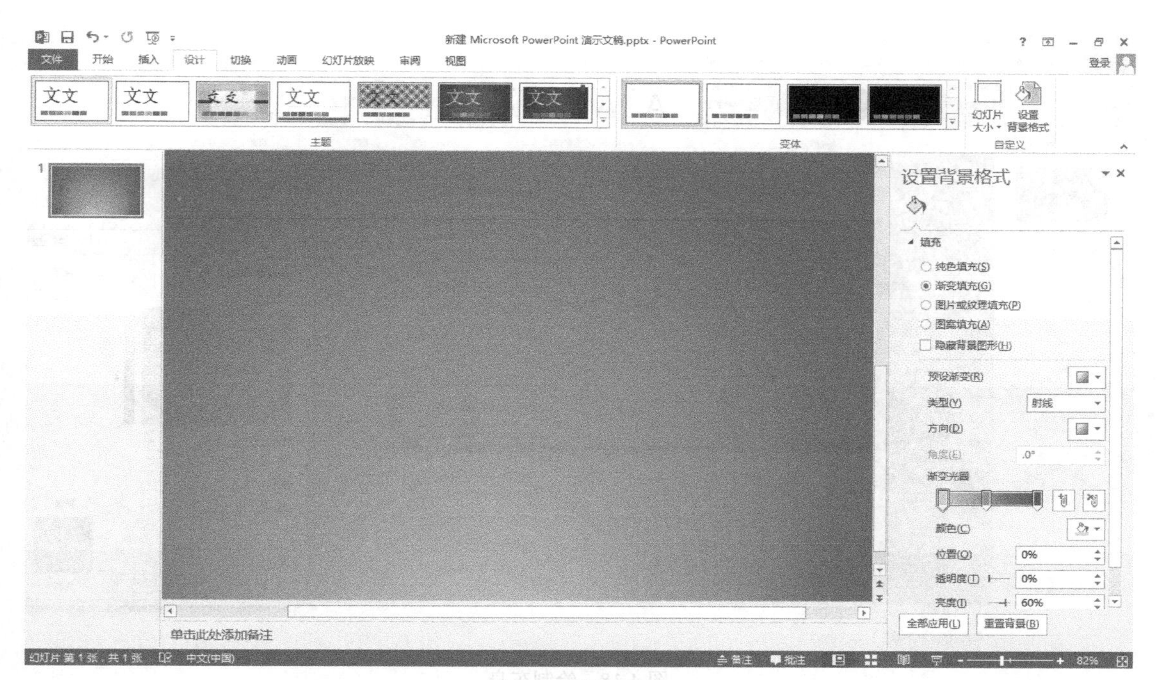

图 4-16 设置背景

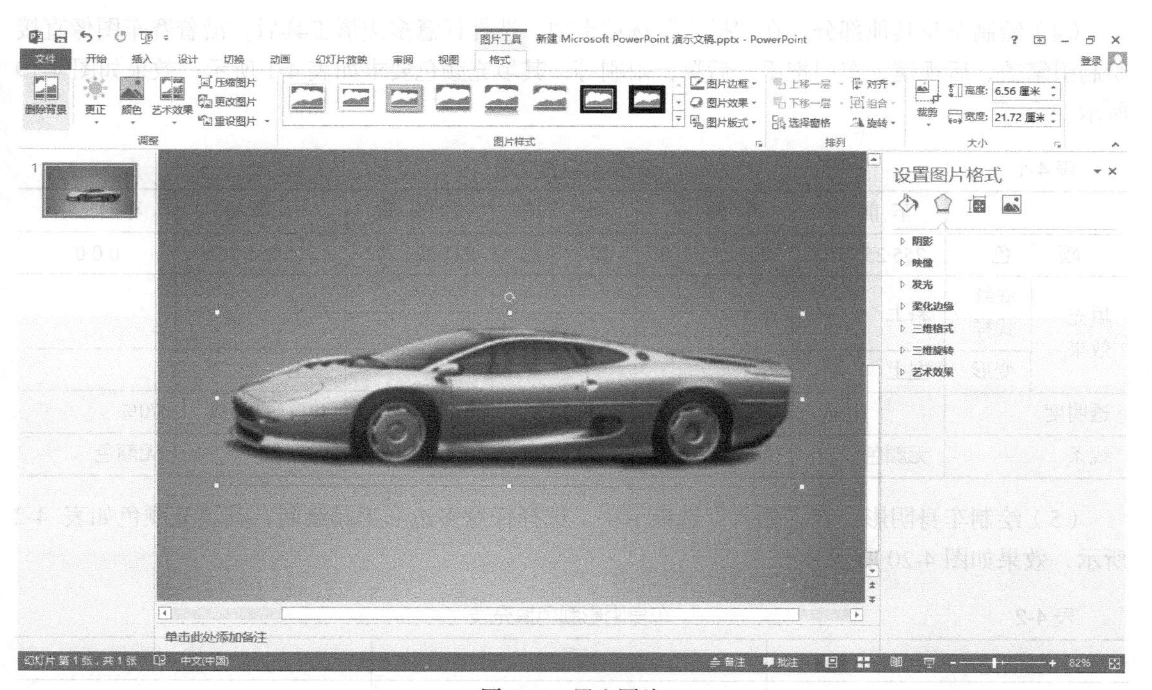

图 4-17 置入图片

（3）绘制赛车。在“插入”选项卡中，选择任意多边形工具后，沿着赛车车身反复进行鼠标单击或鼠标拖动操作，绘制车体，将绘制好的车身图形填充为透明度为 20%的蓝色（R0 G51 B204），线条为无颜色，效果如图 4-18 所示。

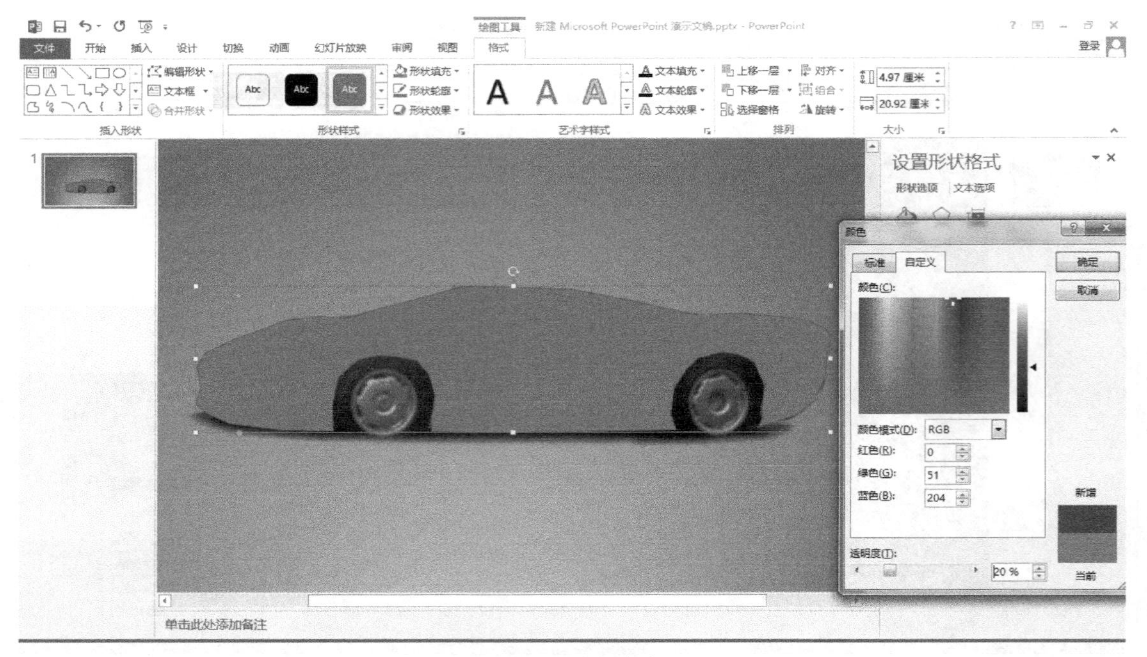

图 4-18　绘制车身

（4）绘制车身其他部分。在“插入”选项卡中，选择任意多边形工具后，沿着赛车图像直接绘制引擎盖、后视镜、车门把手、后翼、雨刷等，其填充颜色要求如表 4-1 所示，效果如图 4-19 所示。

表 4-1　车身颜色填充表

		车前窗	车侧窗	雨刷	后视镜	引擎盖	车门把手
颜色		255 255 102	255 255 102	黑色	221 221 221	255 255 255	0 0 0
填充效果	底纹式样	斜上	水平			水平	
	变形	左上	左上			左上	
透明度			0～62%			43%～100%	70%
线条		无颜色	无颜色	线宽 3 磅	无颜色	无颜色	无颜色

（5）绘制车身阴影。在“插入”选项卡中，选择任意多边形工具绘制，其填充颜色如表 4-2 所示，效果如图 4-20 所示。

表 4-2　车身阴影颜色填充表

		①	②
颜色		白色	白色
填充效果	底纹式样	水平	水平
	变形	左下	左上
透明度		40%～100%	63%～100%
线条		无颜色	无颜色

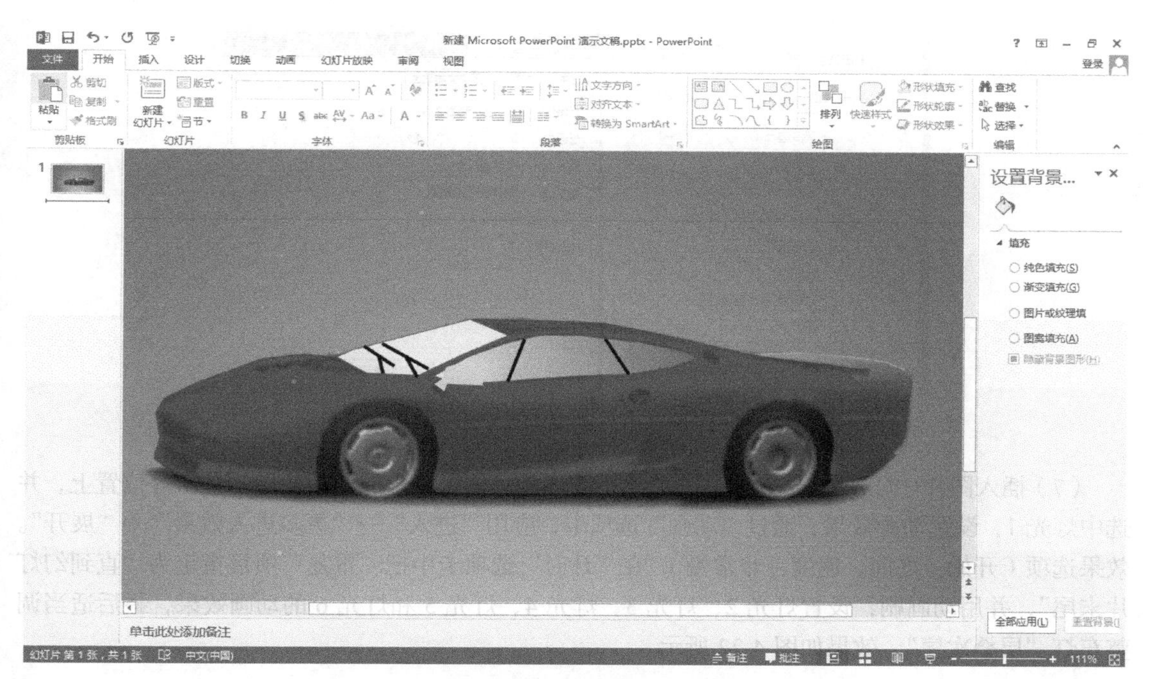

图 4-19 绘制车身其他部分

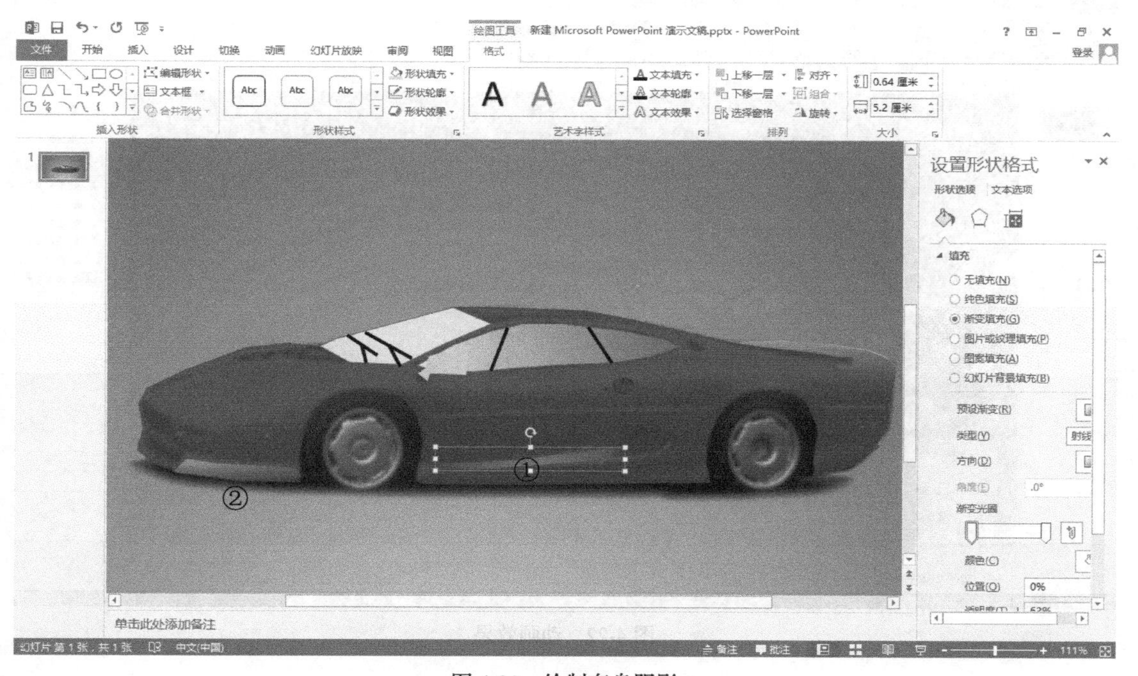

图 4-20 绘制车身阴影

（6）为车身设置动画。通过“动画”选项卡，应用“强调”→“更多强调效果”→“补色 2”，选择“效果选项”，显示“补色 2”对话框后，在“计时”选项卡中把“重复”项目指定为“直到幻灯片末尾”，如图 4-21 所示。

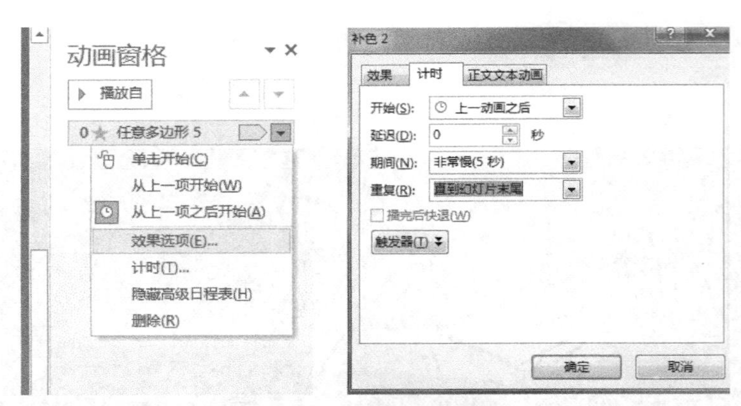

图 4-21　设置动画效果

（7）插入图片“灯光”，分别调整图片大小和形状，放置在车的前后轮胎、车窗等位置上，并选中灯光 1，设置动画效果，通过“动画”选项卡，应用“进入”→“更多进入效果”→“展开”。效果选项（开始：之前，速度：非常慢），在“计时”选项卡中把“重复”项目指定为“直到幻灯片末尾”，并用动画刷，设置灯光 2、灯光 3、灯光 4、灯光 5 和灯光 6 的动画效果，最后适当调整车灯“层叠次序”，效果如图 4-22 所示。

图 4-22　动画效果

（8）制作车轮。分别使用矩形和圆形两种形状，制作车轮的龙骨和轮胎，如图 4-23 所示。

将车轮对象放置在车轮的位置上，选中该车轮，选“自定义动画”→“强调”→“陀螺旋”动画（开始：之前，数量：360° 逆时针，速度：快速），调整动画顺序，使该动画先于灯光动画，最后结果如图 4-24 所示。

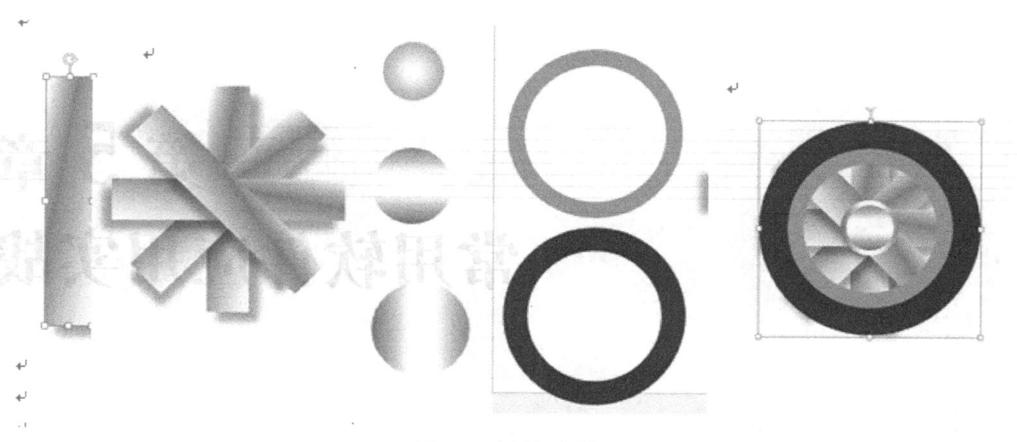

图 4-23　制作车轮

图 4-24　最终效果

（9）保存放映效果，并将幻灯片导出为“开动的汽车.ppsx”。

实训技巧

❖　动画效果

我们可以通过对整个幻灯片、某个画面或者某个幻灯片对象（包括文本框、图表、艺术字和图画等）设置动画效果，按照一定的顺序依次显示对象或者使用运动画面，使得演示文稿更加生动活泼，吸引眼球。当然动画效果也不是越多越好，太多动画效果会让别人觉得太过绚丽，失去了对文档内容的关注，所以，我们希望在设置动画时，大家可以把握一个原则，那就是尽量让动画起到画龙点睛的作用。

第 5 章 常用软件应用实战

实训　用 FlashGet 下载歌曲

通过练习，使学习者了解网际快车 FlashGet 软件的操作方法，学会利用下载工具从网络中下载我们所需要的文件等。

实训目标

本实训利用网际快车 FlashGet 软件从网络下载我们喜欢的歌曲到本地磁盘中。

❖　了解网际快车 FlashGet 的使用方法。

❖　掌握从网络下载文件的基本方法和步骤。

实训步骤

（1）双击打开 FlashGet 图标，弹出“快车 FlashGet”窗口，如图 5-1 所示。

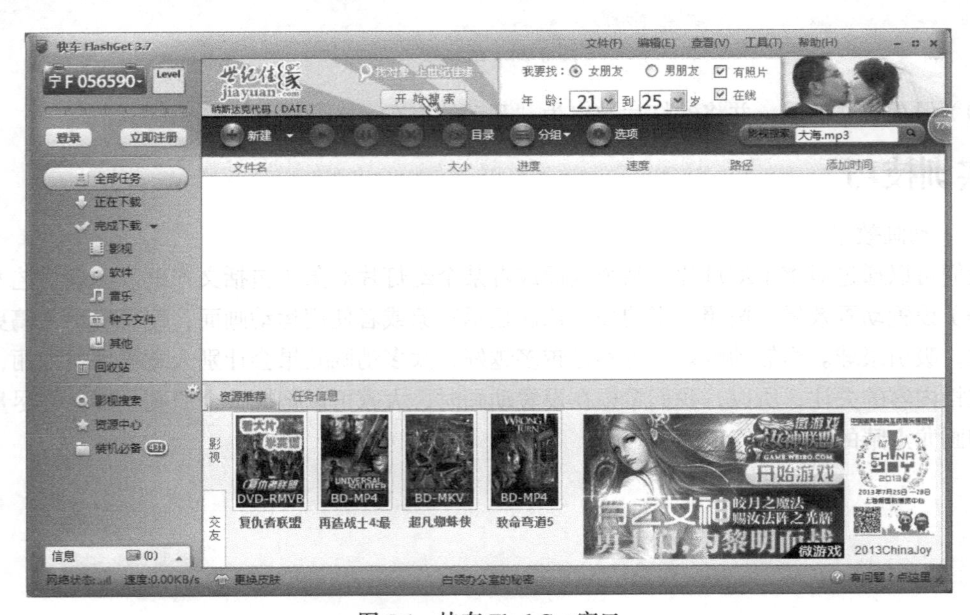

图 5-1　快车 FlashGet 窗口

（2）打开“文件”菜单，选择“新建普通任务”命令，打开“新建任务”对话框如图 5-2 所示。

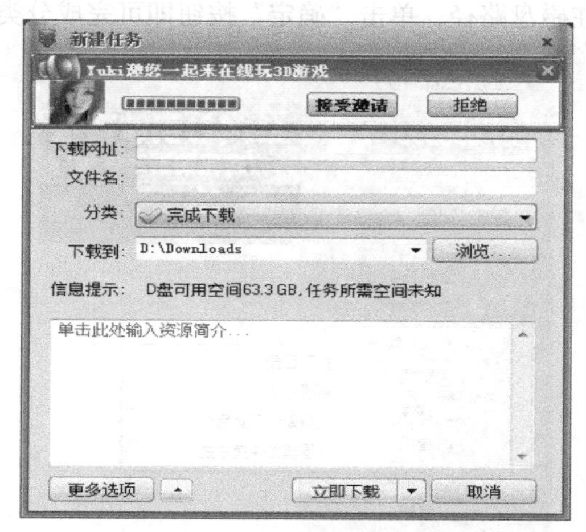

图 5-2　新建任务对话框

（3）查找并复制“情非得已.mp3”的下载链接 URL，粘贴到“下载网址”文本框中，在“文件名”文本框中命名文件名为“情非得已.mp3”，“分类”文本框下选择“音乐”，然后单击“浏览”按钮，选择下载文件的保存路径，如图 5-3 所示。

图 5-3　完成新建任务

（4）单击“立即下载”按钮，文件开始下载。

实训技巧

（1）下载文件归类整理。

管理下载文件是件比较麻烦的事情，FlashGet 下载的文件全部保存在默认目录下，时间一长，用户自己也搞不清谁是谁了，总不能一一安装试验吧。FlashGet 提供了对下载文件进行归类管理的功能，每种类别可指定一个磁盘目录，下载任务完成后，文件就会保存到相应的磁盘目录中。

可在“完成下载”上单击鼠标右键的快捷菜单“新建分类”命令下建立自己需要的类别，如图 5-4 所示。新建分类对话框如图 5-5 所示，可在“名称”文本框下输入分类名称，在“目录”文本框下浏览选择分类文件夹所在磁盘路径，单击“确定”按钮即可完成分类。

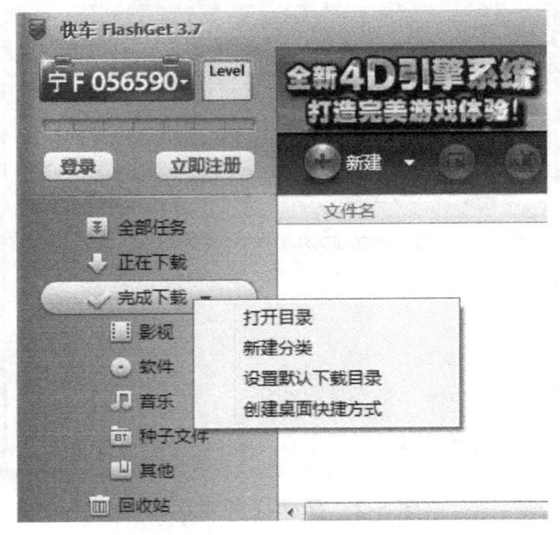

图 5-4　快捷菜单

图 5-5　新建分类

（2）批量下载。

网际快车可以建立一个成批下载的任务。当我们要下载文件名相似的多个文件时，就可以使用这一项功能。实现的方法很简单，选择“新建→新建批量任务”，弹出如图 5-6 所示的“添加批量任务”对话框，在下载网址栏中输入一个带有“*”号的下载链接地址，例如 http://www.hua.com/dir(*).zip，其中“*”表示这是一个任意的字符串。这样就可以下载多个带有 dir 字样的 zip 文件，你也可以自行设置通配符的范围和字符数目。

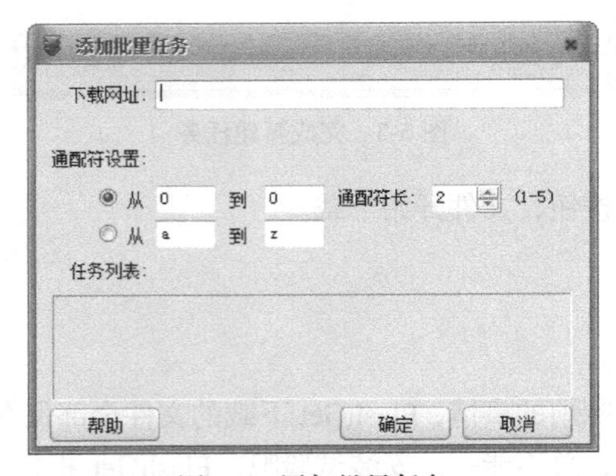

图 5-6　添加批量任务